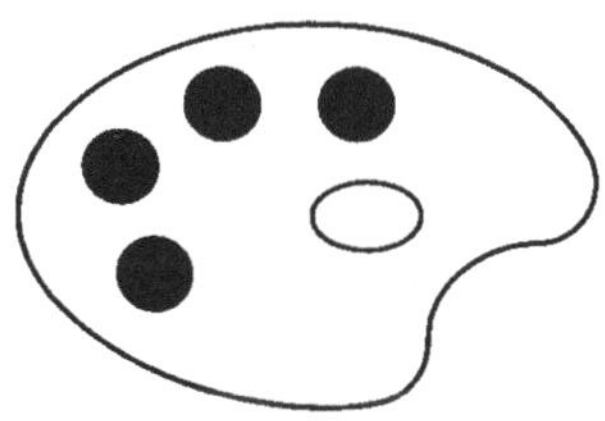

CERCLE CHROMATIQUE

DE

M. CHARLES HENRY

PRÉSENTANT TOUS LES COMPLÉMENTS ET TOUTES LES HARMONIES DE COULEURS

AVEC UNE INTRODUCTION SUR LA

THÉORIE GÉNÉRALE DE LA DYNAMOGÉNIE

AUTREMENT DIT

du CONTRASTE, du RYTHME et de la MESURE

PARIS

CHARLES VERDIN

Constructeur d'instruments de précision

7, RUE LINNÉ, 7

1889

CERCLE
CHROMATIQUE

ÉLÉMENTS
D'UNE
THÉORIE GÉNÉRALE
DE LA DYNAMOGÉNIE

AUTREMENT DIT

DU CONTRASTE, DU RYTHME ET DE LA MESURE

AVEC APPLICATIONS SPÉCIALES

AUX SENSATIONS VISUELLE ET AUDITIVE

PAR M. CHARLES HENRY

PARIS
CHARLES VERDIN
Constructeur d'instruments de précision
7, RUE LINNÉ, 7
1889

AVANT-PROPOS.

Musica est exercitium arithmeticæ occultæ nescientis se numerare animi.
LEIBNIZ.

Étant donnés, d'une part objectivement des nombres (longueurs d'ondes lumineuses, mesures linéaires, vibrations sonores, etc.), d'autre part des phénomènes à la fois objectifs et subjectifs, comme les mouvements dits d'expression, enfin des phénomènes subjectifs comme le plaisir et la peine, restituer le mécanisme inconscient qui explique pour les sensations visuelle et auditive, en général pour toutes les sensations, les singularités caractéristiques de chacune et le résidu final, plaisir ou peine : tel est le problème posé dans ces pages.

Toute idée s'exprime consciemment ou non en mouvements sensibles plus ou moins. J'appelle *représentation* toute expression plus ou moins motrice, consciente ou non, d'une idée concrète ou abstraite.

Il est évident que nos représentations constituent les phénomènes les plus généraux que nous puissions concevoir et les seuls que nous connaissions : cependant c'est à l'oubli de cette tautologie qu'il faut rapporter les spéculations sur la force, sur la matière, sur l'esprit qui, sous des formes variées, ont pénétré les sciences et retardé la création d'une esthétique scientifique.

Avec la plupart des psychologues contemporains, je distingue les représentations en conscientes et inconscientes, celles-là intermittentes, celles-ci permanentes. En effet un grand nombre de faits d'expérience journalière, comme la suggestion et l'automatisme, sont inconscients ; dans un ordre plus élevé, les manifestations géniales ont un caractère intuitif et inconscient qui les différencie immédiatement des productions raisonnées et conscientes, si remarquablement complexes et fécondes que soient celles-ci. Mais j'ai pu en outre préciser la distinction de l'inconscience et de la conscience en rattachant, d'après les expériences de Wundt, cette dernière caractéristique à un état de contraste maximum des représentations inconscientes, état que j'ai pu rigoureusement définir (§ 7).

Les représentations se différencient encore suivant que l'idée s'applique à un objet concret ou abstrait. Si, par exemple, je pense un cercle concret, je tends notoirement à le réaliser avec son rayon défini par des mouvements des yeux ou des mouvements des bras ; lorsque je pense un cercle abstrait, je fais des efforts plus ou moins sensibles d'articulation qui, chez un être parfait et inconscient, exprimeraient rigoureusement l'idée de la génération dans l'espace et dans le temps de tous les cercles sensibles et possibles, idée qui, pour être adéquate à son objet, ne peut être que la formule du cercle exprimée en mouvements idéaux.

Tandis que, dans les limites de leur normalité, nos représentations inconscientes sont l'image vraie du monde, nos représentations conscientes en sont l'image déformée par les exigences du contraste. Cette remarque, que la présente théorie permettra d'exprimer sous une forme plus précise, est prouvée par la sûreté avec laquelle l'*instinct* résout les problèmes insolubles pour le *raisonnement*. L'effort de la science est de corriger ces représentations conscientes et de créer par la vérité ces harmonies pratiques de l'objet avec le sujet qui font de la nature comme un appendice de notre organisme et qui seraient la meilleure démonstration de la conformité de l'objet avec le sujet, si un pareil problème ne devait être éliminé comme dépassant la sphère de nos représentations. Entendu dans toute sa généralité, le but de l'esthétique serait de constituer les lois mathématiques de nos représentations, de déduire de quelques faits simples de conscience et des fonctions de ces faits nos représentations nécessaires inconscientes et élémentaires de tous les objets possibles, afin de donner par là aux principes des sciences toute la certitude et toute la fécondité dont ils sont capables. Il y a donc dans cette étude deux parts, dont l'une, nécessairement minime, est due à l'observation consciente, l'autre, de beaucoup la plus étendue, est une restitution des phénomènes inconscients : part dont la vérité ne dépend que de la justesse du raisonnement et des justifications ultérieures de l'expérience. C'est une distinction qu'il ne faut pas oublier un seul instant ; autrement, on serait tenté de rejeter comme arbitraires des développements qu'on aurait inutilement cherché à justifier par son expérience intime, et nombre d'assertions paraîtraient des non-sens.

Tout mouvement considéré indépendamment de son origine idéale est l'objet de la dynamique : toute idée considérée indépendamment de son expression motrice est l'objet de la psychologie descriptive ; toute idée qui s'exprime est une représentation et c'est l'objet de l'esthétique générale. C'est sur ce terrain idéo-moteur qu'il faut placer tout le présent travail.

Or il est un fait qui caractérise toutes nos représentations, car aucune n'est étrangère au plaisir ou à la peine ; c'est la direction de bas en haut ou de haut en bas que ce centre non situable qui s'appelle moi, tend à prendre sous l'influence du plaisir ou de la peine ; je ne dis pas que « je prends », car ce phénomène est subordonné à l'état de mes forces et à la constitution du milieu. Cette direction possible ou virtuelle est un fait que ma conscience peut obscurcir plus ou moins, qui peut être dans la réalité contredit plus ou moins par des mesures rigoureuses ; c'est une donnée que je ne saurais *situer*, puisque c'est à des dérivations de cette donnée que je rattache la perception sous trois dimensions de l'espace et du temps (1) ; ce n'en est pas moins un élément mathématique indéniable, de la plus haute valeur, que je puis prendre, en le précisant et en le généralisant, comme point de départ d'une symbolique de mes représentations.

Je n'ignore pas qu'il est d'usage, surtout depuis les succès récents des théories transformistes, de tout expliquer par des circonstances extérieures et quelques hypothèses mécaniques. Sans aucun doute des esprits ingénieux trouveront plusieurs explications desquelles il ressortira que ces directions sont des faits nullement élémentaires, mais dérivés. Je me contenterai de faire observer qu'il

1. Pour pouvoir l'appliquer au temps j'emploie le mot *dimension* dans un sens plus général que son acception ordinaire.

n'y a dans l'état actuel de la science aucun criterium du caractère élémentaire ou dérivé d'un fait. C'est même un criterium de ce genre que je me sais efforcé de chercher ; je ne pouvais le trouver que dans une théorie mathématique des représentations ; or c'est précisément sur les principes actuels que j'ai pu faire reposer la possibilité d'un espace, d'un temps à trois dimensions, représentations incontestablement élémentaires. D'ailleurs, ces phénomènes d'expression seraient-ils dérivés, ils n'en constitueraient pas moins des données dont il est possible de déduire une esthétique théorique et technique.

Donc, partant du fait de conscience que l'être vivant symbolise ses excitations agréables par des directions de bas en haut, ses excitations désagréables par des directions de haut en bas, directions dont la grandeur idéale est évidemment liée aux différents rayons définis d'activité permis par l'organisation, en particulier par les appendices supérieurs et inférieurs, droits et gauches, puis généralisant ce fait avec les distinctions convenables pour les excitations d'intensités intermédiaires qui en conséquence se marquent inconsciemment suivant les autres directions, on voit que des cycles, c'est-à-dire des circonférences dirigées dans un sens ou dans l'autre, sont la forme nécessaire des mouvements de l'être vivant considérés au degré maximum de généralité voulu par le problème ; la direction est donc l'élément représentatif commun de toutes nos sensations et de toutes nos idées, par conséquent de toute quantité, qu'il s'agisse de *scalaires* ou de *vecteurs* (1).

Le fait seul que l'expression est liée à la direction détermine l'idée et la soumet aux lois mathématiques impliquées par la direction que peuvent prendre nos mouvements. Dans ma théorie la direction n'est pas un schème arbitraire ou scientifique : c'est un schème naturel ou vivant, déterminatif de la fonction à exprimer, puisque la fonction n'est déterminée qu'en s'exprimant par ce schème. De là une conséquence importante : puisqu'il n'y a qu'un schème, la direction et deux objets possibles distincts : la *quantité*, agrégat d'éléments uniformes et homogènes, et l'*ensemble*, agrégat de toutes les quantités imaginables, l'esthétique étudie et soumet à des lois générales non seulement les représentations de la variation de la quantité, mais aussi de l'*ordre dans les diversités*, considérées non au point de vue indéfiniment spéculatif adopté dans des travaux récents (2), mais avec les déterminations légitimées par la considération des directions idéales, avec les limitations opérées par la mise en œuvre inconsciente et virtuelle de notre organisation physique dans l'expression nécessaire de toute idée : limitations que l'esthétique détermine par l'étude des mouvements spontanés possibles reliés à des formules mathématiques.

De même qu'il n'y a que deux caractéristiques positives de nos représentations : plaisir ou peine, il n'y a que deux caractéristiques de nos mouvements virtuels : continuité ou discontinuité. C'est pourquoi le cycle idéal (droite ou gauche) suffit à la représentation de tous les phénomènes : les directions en haut ou à droite marquent le plaisir qui correspond à la continuité des mouvements possibles dans les états initiaux et normaux ; les directions en bas ou à gauche marquent la peine ou l'empêchement dans les mêmes conditions : la direction en bas dans le cas des cycles continûment décrits par des mouvements alternatifs de la droite et de la gauche ; la direction à gauche en haut dans le cas des cycles décrits par la droite ou par la gauche avec impossibilité de revenir à leur point de départ c'est-à-dire en haut, autrement que par un rebroussement.

J'appelle *continuité* la propriété d'un mouvement idéal de pouvoir être décrit sans interruption dans le temps et dans l'espace. Par exemple, un cycle dont le rayon idéal symbolise le rayon du cycle unité normalement réalisé par l'appendice supérieur droit ou gauche est continu ; il est relativement discontinu, lorsque son rayon idéal symbolise le rayon du pseudo-cycle maximum réalisé par la coordination des appendices supérieurs et inférieurs droits et gauches, cycle réalisé nécessairement par arcs et avec points d'*arrêt*, dont il importe de préciser mathématiquement la représentation, évidemment équivalente à celle de la rencontre de deux directions contraires simultanées. Enfin le cycle est absolument discontinu, lorsqu'il est plus grand ou plus petit que tout cycle défini et qu'il ne peut être réalisé que par points ou par instants en une translation idéale plus ou moins complète du centre. Par exemple, un ensemble d'excitations variées comme les couleurs-lumières s'exprimera par un cycle continu dont on aura préalablement déterminé le sens normal, car la sensation de blanc qui résulte de la simultanéité de ces sensations est, si l'on se place au point de vue psychique, normalement agréable, si l'on se place au point de vue physiologique, susceptible d'exagérer les fonctions ou de produire du travail, en un mot *dynamogène* ; au contraire, un ensemble d'excitations variées comme les couleurs-pigments s'exprimera par un cycle relativement discontinu, à la limite absolument discontinu, dont on aura préalablement déterminé le sens normal, car la sensation de noir qui résulte de la simultanéité de ces sensations colorées, est, si l'on se place au point de vue psychique, normalement désagréable, si l'on se place au point de vue physiologique, susceptible d'empêcher les fonctions ou la production de travail, en un mot *inhibitoire*. Un ensemble d'excitations variées comme les points successifs de la direction d'un contour (points représentés comme du noir sur du blanc) s'exprimera par un cycle absolument discontinu, dont on aura préalablement déterminé le sens normal, car ces différents points du contour ne peuvent être représentés que par une translation virtuelle plus ou moins complète du centre.

J'appelle *fonctions d'un côté* les représentations qui se projettent (se marquent) à droite ou à gauche, suivant leur degré de continuité ou de discontinuité et qui participent en conséquence des lois plus ou moins précisées auxquelles sont soumises les représentations analogues. Si, par exemple, une fonction comme la sensation lumineuse correspond à moins de travail psycho-physiologique que la sensation de forme, je projette la sensation lumineuse sur les directions qui symbolisent les mouvements possibles discontinus, c'est-à-dire à gauche, et je projette la sensation de forme sur les directions qui symbolisent les mouvements possibles continus, c'est-à-dire à droite. Si la sensation de couleur correspond à un travail psycho-physiologique intermédiaire entre les travaux correspondants aux deux sensations précitées, je la projette dans les directions intermédiaires, c'est-à-dire en bas. La sensation de lumière et la sensation de forme sont des fonctions d'un côté ; la sensation de couleur est une *fonction des deux côtés*, l'aire de représentation de chacune de ces fonctions étant déterminée par les lois du contraste.

J'ai dit que les grandeurs des rayons du cycle idéal sont liées aux rayons d'activité permis par l'organisation à l'étendue des membres supérieurs et inférieurs droits et gauches. C'est une remarque banale que le caractère moral et la manière de penser dépendent de la taille et de l'état social, lequel par l'inégalité de la propriété et de l'influence crée comme des extensions inégales de l'organisme et en conséquence des mouvements idéaux. Les directions, suivant qu'elles expriment des mouvements idéaux plus ou moins continus, sont elles-mêmes continuées plus ou moins. Le cycle idéal est donc en réalité une surface d'une courbure irrégulière,

1. Hamilton appelle *scalaires* les quantités susceptibles d'être définies par une seule donnée numérique et ne dépendant en aucune façon de la direction : tels sont le volume d'une figure géométrique, le potentiel, la pression hydrostatique en un point d'un fluide etc. ; il appelle *vecteurs* les quantités ayant une direction et exigeant pour être définies trois données numériques qui les rapportent à la direction des axes coordonnés ; tels sont la vitesse d'un corps, sa quantité de mouvement, l'intensité d'un courant électrique, etc.

2. Dubois-Reymond, *Théorie générale des fonctions*, trad. Milhaud et Girot, Paris, Hermann, 1887, p. 144 et suiv. — G. Cantor, *Acta Mathematica*, tome II, pages 311 et suiv.

dont nous connaissons des points singuliers, mais dont il serait très important de connaître au moins approximativement l'équation. Ce serait l'équation des lois les plus générales de nos représentations : elle nous permettrait en particulier de calculer les illusions d'optique qui nous font voir plus grande ou plus petite que la réalité une longueur tournant autour d'une de ses extrémités prise comme point fixe et nous pourrions déduire les illusions de toutes les excitations sensorielles et idéales qui, ayant un équivalent esthétique identique par rapport aux autres excitations de même ordre, se représenteraient par une direction virtuelle commune.

Une représentation successive est un cycle qui ne peut se réaliser que par la coordination successive de la droite et de la gauche, cette distinction des deux côtés pouvant s'appliquer indéfiniment aux côtés droit et gauche d'un seul côté ; dans ce cas, le cycle présente à chaque instant des arrêts virtuels qui peuvent, suivant la grandeur du rayon, devenir réels. Une représentation simultanée est un cycle qui ne peut se réaliser que par la coordination simultanée de la droite et de la gauche, cette distinction des deux côtés pouvant s'appliquer indéfiniment aux côtés droit et gauche d'un seul côté ; dans ce cas, le cycle ne présente d'arrêt virtuel ou réel que s'il est d'un rayon défini, chaque côté droit ou gauche devant alors agir successivement de son côté. Comme le cycle n'est représenté réel qu'avec un rayon défini, on voit que les opérations purement simultanées sont idéales et se réduisent toujours en fait à des éléments successifs.

Mon théorème fondamental, d'après lequel les représentations successives ou discontinues correspondent aux algorithmes d'addition et de soustraction, les représentations simultanées ou continues aux algorithmes de multiplication et de division, et que je devais établir comme toutes les propositions de ce travail par des considérations indépendantes des mathématiques ordinaires, revient au fond à ce théorème des probabilités composées : « Lorsqu'un événement E se compose du concours de plusieurs autres e_1, e_2, e_3, dont les arrivées ne se gênent en aucune façon, la probabilité de E est le produit des probabilités de e_1, e_2, ... » Il faut évidemment pour que les arrivées des événements e_1, e_2, e_3 ne se gênent en aucune façon, qu'elles ne soient pas successives : donc elles ne peuvent être que simultanées. Ce n'est pas d'ailleurs le seul rapprochement que les géomètres feront entre la présente théorie et le calcul des probabilités ; on sait que 2^m est la somme de l'unité et de toutes les combinaisons possibles entre *m* éléments pris un à un, deux à deux, trois à trois, *m* à *m* ; c'est aussi le terme de développement de la dynamogénie.

Les modes de représentations une fois rattachés à des opérations mathématiques, j'ai pu préciser les formes de perception, c'est-à-dire les relations qui s'imposent à notre intelligence, en étudiant les points d'arrêt qu'introduit dans les tracés le fait de la réalisation virtuelle successive ou simultanée de ses cycles par un centre intelligent. Le *contraste* est la fonction subjective qui ramène les représentations à certains types, tels que la complémentaire, les rapports à des unités naturelles, les groupements à certains ensembles ; si l'on se place au point de vue mathématique, c'est la fonction qui nous fait rapporter les directions à d'autres qui en diffèrent plus ou moins, au maximum ou au minimum, successivement ou simultanément. Le *rythme* est le caractère des représentations qui, par rapport à d'autres, sont l'occasion de mouvements virtuels continus ou *dynamogènes* ; si l'on se place au point de vue mathématique, c'est le caractère de tous les changements de direction ou de tous les polygones inscriptibles continûment dans le cercle par le compas auquel est assimilable le mécanisme idéal de l'être vivant. La *mesure* ne diffère du rythme que par la nature spéciale des représentations ; elle est, si l'on se place au point de vue mathématique, le caractère des nombres d'arrêts ou d'unités qui, sur le rayon ou sur un grand cycle absolument discontinu, sont rythmiques. On voit facilement que le contraste, le rythme et la mesure épuisent les fonctions subjectives d'un centre astreint à marquer par des changements de direction de rayons définis, l'intensité et la nature de toutes ses excitations conscientes ou inconscientes ; mais précisons par des exemples. Soit une excitation colorée ; d'après le principe admis, la sensation se marque par une direction ; selon qu'elle est lumière ou pigment, d'après les modes de figuration indiqués elle se marquera ou sur un cycle continu ou sur un cycle relativement discontinu ; il y a arrêt de la direction en un certain point ; mais avoir l'idée d'arrêt, c'est se représenter cet arrêt d'après la définition de l'idée ; or je ne puis me représenter un arrêt de direction qu'en réalisant simultanément la direction contraire. Toute direction définie implique donc la direction contraire. J'en conclus que toute sensation d'une excitation colorée sera suivie de la sensation d'une certaine autre couleur : c'est ce que vérifie l'expérience par l'apparition de la couleur appelée complémentaire. Si j'observe que les deux directions contraires ne peuvent être réalisées simultanément à cause de la dissymétrie de mes forces à droite et à gauche et que, d'après la forme générale de mes représentations, je ne puis me les représenter que comme deux cycles inverses simultanés réductibles toujours à un cycle continu, je conclus, puisque ce cycle continu correspond à la sensation du blanc, que toute sensation simultanée de deux couleurs complémentaires sera une sensation de blanc : c'est ce que confirme l'expérience. Voilà une application simple de la fonction de contraste. Choisissons maintenant pour exemple deux sensations consécutives de deux couleurs différentes ; d'après le principe, ces deux sensations se marquent par deux directions distantes d'un certain angle : cet angle est un élément nouveau, indépendant des effets complexes de contraste qui se produisent avec ce résultat inconscient de me faire connaître la section de circonférence déterminée. Il ne faut pas oublier que dans mon hypothèse renouvelée de Leibniz je suis doué d'une mathématique inconsciente parfaite, vivante et toujours active, dont notre science est un équivalent laborieux et sans cesse perfectible. Si cette section peut être rigoureusement construite par des cycles continus, autrement dit si le nombre qui l'exprime est de la forme des nombres que l'étude du contraste m'a appris être caractéristiques de ces cycles, je tendrai toujours, d'après la définition de l'idée, à réaliser ces cycles continus ; il y aura du travail produit. C'est ce que vérifie l'expérience physiologique en montrant sous l'influence de certaines variations d'excitation l'exagération plus ou moins générale des fonctions et en particulier l'augmentation de la force musculaire : la conscience m'avertit en outre que ces excitations sont agréables. Si au contraire la section de circonférence déterminée par les deux directions qui expriment les excitations ne peut être rigoureusement construite en cycles continus, autrement dit si le nombre qui l'exprime n'est pas de la forme des nombres que l'étude du contraste m'a appris être caractéristiques de ces cycles, je ne tendrai qu'à réaliser des cycles discontinus ; il y aura moins de travail produit. C'est ce que vérifie l'expérience physiologique en montrant, sous l'influence de certaines variations d'excitation, l'arrêt plus ou moins général des fonctions, en particulier de la force musculaire ; d'autre part ces excitations, ma conscience les caractérise comme désagréables. Voilà un exemple d'une application simple de la fonction de rythme. Considérons enfin une teinte pigmentaire ; d'après le principe, cette sensation se marque en un certain segment du rayon d'un cycle relativement discontinu. Si ce segment rapporté à l'origine est à une distance exprimée par un multiple rythmique du premier segment compté à partir du centre et correspondant à la sensation de blanc pur, on voit facilement par des considérations analogues aux précédentes que la teinte pigmentaire sera agréable : il y aura mesure. Si l'on choisit deux teintes plus ou moins saturées d'un même pigment, ces deux sensations, d'après le principe, se marqueront en des segments différents du rayon d'un cycle relativement discontinu : si la différence ou le quotient des nombres marquant les positions respectives de ces segments rapportés au premier segment est rythmique, il y a mesure dans ces teintes (la différence correspond au cas de la juxtaposition successive, le quotient au cas de la juxtaposition simultanée).

Ces résultats ne se vérifient évidemment que pour les sujets normaux ; les sujets malades réagiront tout différemment ; ils présenteront des perversions du contraste, du rythme et de la mesure, qu'on dosera à leur état naissant et dont on pourra prévenir le développement par des modificateurs gradués, peu intenses et conséquemment peu dangereux.

Dans la technologie des couleurs en particulier, les fonctions de contraste, de rythme et de mesure se compliquent généralement l'une de l'autre et d'une manière fort imprévue suivant la nature des pigments et des subjectiles ; mais à moins d'écrire une encyclopédie, je devais renoncer à ces détails, sur lesquels je reviendrai. J'ai d'abord étudié à un point de vue purement abstrait les principes de cette dynamique idéale ; puis je les ai appliqués à l'explication des principaux faits connus dans le domaine de la vision et de l'audition, en particulier de faits mystérieux comme les mélanges de pigments et l'origine de la gamme mineure, etc. Parmi le grand nombre de faits que j'ai pu prévoir, je citerai en particulier la plus grande sensibilité apparente de l'œil gauche à la lumière et la possibilité de diminuer les effets d'irradiation par des applications de verres colorés convenables sur l'œil droit et sur l'œil gauche (1). Je suis parvenu à réaliser à volonté des formes et une polychromie agréables pour les sujets normaux et à rattacher aux mêmes principes, en justifiant une intuition profonde et universelle, les lois de l'harmonie musicale. Enfin, j'ai pu obtenir dans plusieurs cas, notamment pour les oscillations de la fonction de complémentaire chromatique, des déterminations quantitatives qui, avec les applications de mon *Cercle*, de mon *Rapporteur* et de mon *Triple Décimètre*, justifieront définitivement, je l'espère, mon point de départ aux yeux du lecteur et du praticien, si l'exposé de mon principe et de ma méthode des directions est encore enveloppé pour lui de quelque obscurité. Ma théorie est évidemment générale : elle peut s'appliquer immédiatement aux sensations de poids, de travail, de température et fournir les principes d'une gymnastique rationnelle. Elle s'appliquera à toutes les excitations dont on aura dosé le degré de dynamogénie et d'inhibition, problème purement technique qui est toujours soluble, qu'il s'agisse d'aliments ou de médicaments matériels ou dynamiques. Dans l'ignorance des intermédiaires chimiques cette théorie nous offre de l'action physiologique une représentation qui, même si cette lacune de notre savoir est jamais comblée, pourra être conservée, car cette représentation, d'après la théorie, est un fait psychique vrai. Enfin, dans le cas où le sujet est incapable de réagir psychiquement, je puis toujours doser l'état de ses forces par l'étude du caractère rythmique ou non de la forme de ses réactions physiologiques enregistrées au moyen de la méthode graphique. Dans la *Notice* qui précède mon Rapporteur, cette méthode est appliquée à l'analyse de graphiques des tensions artérielles dans une endopéricardite : la comparaison des résultats numériques permet de suivre le retour progressif du malade à l'état normal.

De l'esthétique ainsi entendue il ressort fatalement une nouvelle méthode scientifique. L'être vivant dirige les phénomènes chimiques de la nutrition par des forces évidemment physiques, puisque l'électricité, la chaleur, la pression sont les trois facteurs connus des équilibres chimiques. Ces forces représentent des modes d'action inconscients que l'analyse subjective rattache à des formules mathématiques. Les lois de ces modes d'action idéaux doivent être identiques avec les lois physiques déterminées par l'expérience et par le calcul. L'esthétique nous offre donc une contre-épreuve de la méthode objective, sans le mélange de ces hypothèses moléculaires si artificielles et si peu philosophiques qui ont envahi la physique. Pourquoi en effet imaginer des constructions moléculaires, lorsque nous ne connaissons que des représentations, c'est-à-dire l'expression d'idées ou de formules mathématiques ? Enfin, ce que la méthode objective est évidemment incapable de faire, l'esthétique offre, dans la complexité ou dans l'irréductibilité de la représentation, le criterium de la réalité ou de la vanité des problèmes. Dans cette voie, les représentations mathématiquement précisées de nos modes d'action élémentaires continu et discontinu m'ont conduit à la distinction de propriétés réalisées par l'électricité positive et négative et à des expressions qui ne diffèrent pas des mesures électriques absolues et thermiques vraies. Je puis donc considérer comme vérifiées les expériences et les calculs impliqués par ces mesures et je dois voir, dans l'électricité positive, dans l'électricité négative et dans la chaleur, des expressions de faits élémentaires et irréductibles.

Est-il nécessaire de déclarer que ma loi d'évolution, d'après laquelle les représentations successives tendent avec le temps à devenir simultanées et réciproquement, n'a aucun rapport avec les prétendues lois par lesquelles on a cru exprimer les transformations morphologiques des êtres organisés ? Quoique je n'aie pas donné à cette loi d'évolution une forme mathématique, je ferai observer qu'il n'y a pas lieu de la considérer comme une assertion vague. Une formule rigoureuse de cette loi, de même que pour les lois de dynamogénie et d'inhibition, est subordonnée à un problème non résolu, même d'une manière approchée, à la formule d'un nombre premier. En effet, on peut construire la courbe de l'évolution suivant le temps si l'on note que, d'après mon théorème fondamental, les groupements purement successifs pouvant se représenter par des nombres premiers, lesquels ne peuvent être mis qu'avec l'unité sous forme de simultanéités, les groupements purement successifs de plus en plus complexes se symboliseront par les sommes des nombres premiers successifs. D'après la loi, chaque fois qu'une de ces sommes pourra être mise sous la forme d'un produit, elle tendra à être réalisée sous cette forme. Portons sur l'abscisse et sur l'ordonnée en longueurs égales la série des nombres ; faisons sur l'abscisse les sommes des nombres premiers : $1+2=3$; $3+3=6$; $6+5=11$; $11+7=18$...... on voit dans ces limites que pour les 2e et 4e successions les sommes sont des nombres composés : élevons des perpendiculaires en chacun des points qui correspondent aux sommes-produits et aux produits-sommes et joignons les différents points d'intersection par des droites : on a la courbe de l'influence du temps.

Il est très facile d'interpréter ces résultats. Toute mesure d'une quantité est entachée d'erreur ; étant données plusieurs expressions de la même mesure, on cherche comment opérer une compensation entre les erreurs. On distingue les *erreurs systématiques*, qui sont constantes et ne peuvent ressortir de la comparaison des résultats, et les *erreurs accidentelles*, variant d'une manière indéterminée suivant des lois inconnues : c'est le hasard. Comme on ne peut obtenir par l'expérience une expression rigoureuse de la probabilité d'une valeur particulière pour l'erreur, on fait quelques hypothèses : on admet d'abord que plus l'erreur est grande, moins elle est probable, ensuite qu'une erreur en plus est aussi probable qu'une erreur en moins. Il en résulte que la moyenne des erreurs tend vers zéro et que, quel que soit le nombre des épreuves faites, la moyenne arithmétique représente la valeur la plus probable. Le nombre

1. Lorsque je parle (§ 23) de verre rouge pour l'œil droit et de verre vert pour l'œil gauche, j'entends un verre rouge tendant vers le violacé, c'est le seul couple dont je me sois servi ; mais il y a tout avantage, comme je le réaliserai prochainement, à employer à droite certaine couleur qui se projette franchement à gauche et à gauche certaine couleur qui se projette franchement à droite, car des sujets fortement droitiers, comme je m'en suis convaincu, pourraient, suivant l'état de leurs forces, ne pas réagir toujours dans le sens indiqué ; projetant le rouge même violacé à droite et le vert à gauche, ils verraient conformément à la théorie les phénomènes d'irradiation diminuer pour le verre rouge appliqué sur l'œil gauche et le verre vert sur l'œil droit.

des épreuves est évidemment un facteur de l'exactitude de cette moyenne de même que la probabilité particulière d'une erreur. Cela posé, on arrive à la formule

$$P = \frac{h}{\sqrt{\pi}} \int_{-x}^{+x} e^{-h^2 x^2} dx$$

qui exprime la probabilité qu'une erreur soit comprise entre $-x$ et $+x$, h étant une constante qui exprime le degré de précision des observations, e étant la base des logarithmes naturels. On calcule P; réciproquement P étant donné, on calcule x. Pour $P = \frac{1}{2}$, on trouve $h\rho = 0{,}476936$; ρ est la valeur de x telle qu'il y a autant de chances pour que l'erreur soit au-dessous qu'au-dessus de ρ en valeur absolue ; c'est ce qu'on appelle l'*erreur probable*. On prend pour unité cette erreur probable ou pour inconnue le rapport $\frac{x}{\rho}$ d'une erreur quelconque x à l'erreur probable ; on calcule la probabilité P et on a ainsi la répartition relative des erreurs suivant leur ordre de grandeur dans un grand nombre d'observations.

Plusieurs de ces hypothèses sont contestables: il y a entre l'expérience et la théorie une certaine discordance ; les erreurs réellement commises ne se répartissent pas par ordre de grandeur rigoureusement comme le veut la formule (1), mais peu importe à notre objet, puisqu'il s'agit seulement de préciser ici le sens de ma loi d'évolution.

S'il y a par le temps un changement dans les conditions de l'expérience, un certain nombre d'erreurs pour chaque fraction de l'erreur probable sera imaginaire, en ce sens que ces erreurs n'existent que par rapport à l'état antérieur de l'objet. D'autre part il y a certainement dans une série d'observations l'influence de la fatigue et l'on peut construire la courbe de l'inhibition ou de la fatigue maximum du sujet en portant sur l'abscisse la série des nombres non rythmiques, sur l'ordonnée la suite naturelle des nombres et en reliant par des droites les points d'intersection des perpendiculaires abaissées sur les axes. La courbe est bien plus infléchie vers l'abscisse que la courbe de la répartition des erreurs probables suivant leur ordre de grandeur. C'est une courbe limite maxima: la courbe réelle doit affecter une forme intermédiaire entre la courbe des erreurs purement imaginaires par suite de l'influence du temps et la courbe des erreurs qui se réaliseraient dans le cas de l'extrême fatigue du sujet. Tel est en effet le sens de la courbe obtenue si l'on porte sur l'abscisse les valeurs de l'intégrale P pour les valeurs de $\frac{x}{\rho}$ portées sur l'ordonnée et si l'on relie par des droites les points d'intersection des perpendiculaires abaissées sur les axes. Je m'abstiens de donner un tableau comparé des valeurs numériques qui, dans la nécessité de corriger la forme de P, seraient un luxe inutile de précision.

Si cette loi dans sa première phase d'application joue un très grand rôle dans nombre de phénomènes esthétiques, notamment dans la constitution de la gamme mineure qui présente la transformation du procédé de réaction discontinue des deux côtés en procédé de réaction continue, il ne faut pas oublier que la fonction est périodique, les changements de direction infiniment petits qui marquent les simultanéités complexes tendant, à la limite, vers une direction unique, c'est-à-dire vers l'élément d'une représentation purement successive. Étant donné que la conscience est liée au contraste maximum à la fois successif et simultané des représentations inconscientes, on s'explique, par la tendance des opérations successives à être réalisées simultanément, la complexité croissante jusqu'à certaines limites des faits de conscience, et par cette périodicité des fonctions du temps l'inconscience vers laquelle tendent les opérations conscientes souvent répétées. On a d'ailleurs une image de ces deux phases en remarquant que les représentations centrifuges, nécessairement successives par suite de la grandeur du rayon, tendent fatalement avec le temps à redevenir centripètes ou purement simultanées, et réciproquement. C'est cette réciproque qui, en convertissant les opérations simultanées en opérations successives, permet d'établir la corrélation de la multiplication avec les représentations simultanées (§ 5).

Une corrélation qui, rapprochée de ma loi d'évolution, conduit à une conclusion générale non moins importante, est celle que j'établis entre les notions de réversibilité et d'irréversibilité d'une part, les représentations simultanées et les représentations successives d'autre part. Un changement réversible est celui qui peut être produit indifféremment dans un sens ou dans l'autre par une modification infiniment petite de l'état du corps ; une représentation simultanée est un produit de facteurs indépendant de leur ordre et n'est purement telle qu'à la condition de s'exprimer par un cycle infiniment petit. Un changement non réversible est celui qui sous l'action d'une même force ne peut être produit indifféremment dans un sens ou dans l'autre ; de même une représentation successive est une somme dépendant évidemment de l'ordre des termes. Or, d'après la loi d'évolution, il y a tendance des représentations successives ou discontinues à devenir simultanées ou continues ; il faut donc admettre une tendance des opérations irréversibles à devenir réversibles, tendance qui doit modifier dans certains cas les applications du principe de Carnot, du principe de Mayer et du principe des vitesses virtuelles, et notamment les conclusions pessimistes qu'on a cru pouvoir en tirer.

On a beaucoup discuté sur la matière parmi les philosophes et on a recherché en quoi la matière inorganique diffère de la matière vivante. Le problème sous cette forme est insoluble ; mais si l'on recherche quelles sont nos représentations nécessaires et inconscientes de ces objets, on pose un problème mathématique précis. D'après les principes actuels, la matière ne peut nous apparaître que comme *ce qui est dirigé* dans notre représentation, c'est-à-dire comme les rayons du cycle idéal, lesquels peuvent toujours être assimilés à des points d'arrêt, puisque le cycle n'est qu'idéal. La représentation de la matière inorganique est donc équivalente à un groupement circulaire de points d'arrêt ou à un grand cycle absolument discontinu qui peut être décrit par la translation idéale du centre. Recherchons l'expression mathématique des éléments de ce cycle et nous aurons de l'idée de matière une expression nécessaire et suffisante qu'il s'agira de rattacher aux propriétés observables des corps et d'introduire dans les formules caractéristiques de chaque état. Si nous considérons que la matière organisée est un groupement *inséparable de la forme de nos représentations*, nous voyons que cette matière se représentera par un cycle nécessairement dissymétrique d'un rayon défini, comme notre cycle idéal de représentation. Ces faits posés d'une part, les représentations de la chaleur et de la température précisées d'autre part, on conçoit que j'aie pu raisonner sur la valeur et la portée de principes comme le principe de Carnot, le principe des vitesses virtuelles, et démontrer que le premier doit être limité à la matière inorganique : vérité dont on ne pouvait avoir par les méthodes ordinaires que des intuitions vagues.

Si je suis parvenu à exprimer clairement mon principe de la détermination nécessaire de l'idée par la forme des mouvements spontanés possibles qui l'expriment, principe fondé sur le fait de l'indissoluble liaison de l'idéal et du moteur, si j'ai réussi à rendre aisée la marche de mes calculs et de mes raisonnements, marche souvent difficile à cause du caractère réel que doivent prendre de pures idées sur le terrain des représentations, si les confirmations de l'expérience sont estimées à leur valeur dans des questions aussi délicates et aussi complexes, je ne doute pas que la méthode des représentations nécessaires ne conquière l'assentiment des esprits

1. Laurent, *Facilité des erreurs d'observation* (*Journal des actuaires français*, tome V, p. 474).

scientifiques. Elle se recommande dès aujourd'hui par les résultats pratiques qu'elle apporte, par son criterium des problèmes illusoires, par sa concentration des problèmes réels, par la liaison qu'elle établit entre les faits mathématiques, physiques et psychiques, par sa réduction de toutes les hypothèses possibles à une seule que l'on peut considérer comme justifiée par ses conséquences, par ses méthodes nouvelles de recherche, par la possibilité qu'elle offre d'asseoir une pathologie et une thérapeutique sur la base solide et inébranlable des réactions mentales. Je compte, si les circonstances le permettent, publier prochainement des applications mathématiques et physiques de cette méthode.

INTRODUCTION.

Ce qui frappe dans l'étude de la physiologie, de l'esthétique en particulier, l'observateur le moins attentif, c'est le grand nombre des contradictions expérimentales. Les résultats obtenus varient naturellement suivant l'état des sujets : comment apprécier cet état le plus souvent instable ? Qu'est-ce que le normal ? L'expérience ne peut nous renseigner que sur les efforts de chaque individu vers cet idéal. Pour savoir *ce qui doit être*, il faut trouver un principe supérieur aux phénomènes particuliers, déterminer un fait fondamental dont on puisse déduire des lois.

D'ailleurs, même dans les sciences cosmologiques, l'expérience est incapable de résoudre tous les problèmes. L'histoire de la science prouve que toute connaissance importante dans l'ordre physique est liée à une découverte dans l'ordre abstrait. Les mathématiques présentent un ensemble toujours plus compliqué de lois idéales qui n'attendent pour devenir des lois naturelles que le rapprochement des faits généralisés avec les entités mathématiques ; la liaison une fois établie, ces lois nous servent à découvrir des faits qui autrement seraient restés inaperçus ; elles nous permettent d'aborder où l'expérience ne saurait nous conduire, dans l'infiniment grand, sinon dans l'infiniment petit moléculaire, pour lequel les données expérimentales sont fatalement incertaines, quand elles sont possibles.

Dans les sciences biologiques, la théorie, à peu près nulle aujourd'hui, est appelée à jouer un rôle plus considérable encore : elle n'est pas seulement un instrument de découverte ; en précisant le normal et le pathologique, elle doit servir de règle qui nous permette d'économiser les forces et de perfectionner l'organisation de l'être vivant.

L'objet spécial de ces pages est la sensation de couleur. Mais cette sensation, si elle a une évidente individualité, a des rapports avec toutes les sensations : il y a des accords et des discordances de couleurs, comme il y a des combinaisons de lumières, de lignes, d'odeurs, de saveurs, etc. qui plaisent ou déplaisent. Ces excitants peuvent n'avoir entre eux aucun rapport (les sons sont des vibrations de l'air et on rattache généralement les odeurs et les saveurs à des différences dans la structure des corps) ; mais ils ont ceci de commun qu'ils sont tous capables de déterminer les phénomènes subjectifs de plaisir et de peine. Comment l'être vivant réagit-il dans ces deux cas ? C'est le problème général de l'esthétique. Poser le problème pour un excitant, c'est le poser pour tous. Rameau l'avait compris (1) : mais au lieu d'étudier les modifications possibles de la réaction subjective suivant le plaisir et la peine, plusieurs auteurs se sont égarés à vouloir fonder des sciences partielles sur d'apparentes analogies extérieures : par exemple, on a tenté de déduire les harmonies de couleurs de considérations musicales ; mais outre que les gammes sont fort controversées, on supprimait *a priori* toute différence entre les deux ordres de phénomènes : on ne pouvait donc arriver à aucun résultat plausible.

D'ailleurs les gammes sont si fort controversées, précisément parce qu'on n'a pas cherché à déduire des lois de notre organisation la gamme vraie et à interpréter à ce point de vue nos impressions individuelles. Évidemment, la raison de ce défaut de méthode est la difficulté apparemment inextricable de fixer les lois de notre organisation. Il est certain que si l'on veut, j'imagine, déterminer les fonctions de l'oreille humaine, on est immédiatement réduit aux hypothèses les plus contradictoires : mais la difficulté devient soluble, si l'on pose la question au point de vue en quelque sorte schématique de la physiologie la plus générale, comme on le fait nécessairement en considérant les végétaux et les animaux élémentaires qui, pour être dénués d'organisations complexes, ne sont pas moins sensibles aux plus légères variations des excitants.

Ce qui importe le plus aux fonctions psychiques, c'est la continuité. Quand nous cessons de penser, il y a fatigue; quand la cessation est violente, il y a douleur. Nous pouvons définir le plaisir: la continuité des fonctions psychiques; la peine: la discontinuité de ces fonctions. Mais nous ne pouvons nous représenter, donc étudier scientifiquement, que des mouvements : il nous faut préciser quelle relation existe entre les fonctions psychiques et les mouvements.

L'observation et le raisonnement montrent que les fonctions psychiques peuvent être considérées comme des mouvements qui ont été ou qui seront, comme des mouvements virtuels.

Il n'y a pas de sensation sans arrêt de mouvement, par conséquent sans mouvement virtuel en sens inverse. Si on fixe un objet sans déplacer l'axe visuel, et sans fermer les paupières, la vision devient indistincte. Réciproquement, un mouvement modéré de l'objet lumineux rend la vision plus facile. Si on palpe un objet sans déplacer le doigt, toute notion de contact disparaît au bout de quelques secondes. Vierordt a démontré que la sensibilité tactile augmente de la racine du membre à sa périphérie, qu'elle dépend de la grandeur des mouvements et qu'elle est, pour chaque segment d'un membre, proportionnelle à la distance des points de la peau à l'axe de rotation du membre (2). Il n'y a pas de sensation auditive sans variation de tension musculaire de la membrane tympanique. Si on emmanche un diapason la_3 à l'extrémité d'un tube de caoutchouc fixé hermétiquement à l'oreille droite par l'autre bout, et si on adapte hermétiquement à l'oreille gauche un tube en caoutchouc transmettant les pressions d'une poire à insufflation de Politzer, toute pression douce effectuée sur la poire à gauche, produit une légère atténuation du son perçu à droite : l'auscultation permet de constater l'atténuation du son ; il y a donc, en même temps que des déplacements passifs, production de mouvements actifs, synergiques d'accommodation dans les deux oreilles (3). L'odorat ne peut s'exercer qu'avec des mouvements respiratoires, le goût avec des mouvements de la langue.

1. Voir la *Théorie de Rameau sur la Musique*, Paris, Hermann, 1885, et les *Œuvres et Correspondances inédites de d'Alembert*, Paris, Perrin, 1887.
2. Beaunis, *Physiologie*, page 1195, 2e édition.
3. Gellé, *Synergies fonctionnelles binauriculaires*. (*Comptes rendus de la Société de Biologie*, 1884, page 244.)

De même, il n'y a pas d'idée sans mouvement virtuel, puis réel. Sont confirmées par l'observation journalière, les données des appareils, comme les pléthismographes et la balance de Mosso, qui enregistrent des modifications dans les phénomènes vasculaires en corrélation avec la plus légère émotion. Il y a trente-quatre ans, M. Chevreul faisait justice des pendules dits explorateurs et des baguettes dites divinatoires, en prouvant que les mouvements observés, si l'on tient un anneau suspendu par une ficelle, sont le produit de mouvements musculaires inconscients, dont le sens est déterminé par l'idée. On a confirmé l'exactitude de ces observations (1). Récemment (2), M. A. Charpentier attirait l'attention sur une illusion d'optique non moins instructive. Lorsqu'on regarde pendant quelque temps dans une complète obscurité, un objet immobile, de petit diamètre et faiblement éclairé, cet objet paraît se mouvoir. La vitesse angulaire du déplacement apparent est en moyenne de 2° à 3° par seconde ; la direction du déplacement est variable ; le plus souvent, pour l'auteur, l'objet paraît filer suivant une ligne courbe allant de bas en haut, et de dedans en dehors : ce sont les directions normales ; l'étendue totale du déplacement peut atteindre et dépasser 30° c'est-à-dire un douzième de la circonférence : ces points sont à noter. Il suffit de songer à voir un autre objet, ou à exécuter un acte dans une certaine direction pour provoquer le déplacement apparent de l'objet dans ce sens. L'observateur peut faire volontairement subir à son regard de petits déplacements en divers sens autour de l'objet considéré, sans cesser de percevoir le mouvement continu de celui-ci dans la direction primitive, et même l'illusion persiste dans la vision indirecte pour tous les points de fixation du regard. On peut provoquer l'illusion avec une direction déterminée en agissant sur l'œil fermé qui ne sert pas à l'expérience. Ce n'est pas l'œil qui accomplit lui-même le mouvement, puisque l'œil regardant vers le haut, l'objet devrait paraître filer vers le bas et réciproquement. Supposons, au contraire, simultanément à l'idée d'un second objet, par exemple, une porte qui se ferme, la prise de possession virtuelle de cet objet par nos appareils de préhension, l'idée changeant d'objet, les appareils changeront de place et le premier objet se déplacera dans ce sens.

Je pourrais citer un grand nombre de faits qui marquent, simultanément à la perception, la réalisation virtuelle de l'objet par notre mécanique naturelle ; mais je crois inutile d'insister sur ce point de vue très familier à la psychologie contemporaine (3), si évident par soi et sans lequel il serait d'ailleurs impossible de rien comprendre aux suggestions de l'idée par l'attitude et de l'attitude par l'idée.

En résumé, on peut considérer la sensation et l'idée comme des exercices virtuels de notre mécanique naturelle : la sensation correspond à un mouvement réel qui aboutit à un mouvement virtuel ; l'idée, à un mouvement virtuel qui aboutit à un mouvement réel, mais plus ou moins vite et sous une forme différente, suivant les sujets (4).

Le problème esthétique se pose sous une forme nouvelle et, cette fois, scientifique : " Quels sont pour l'être vivant les mouvements virtuels continus ? Quels sont les mouvements virtuels discontinus ? " ou, ce qui revient au même : " Quels sont les mouvements que l'être vivant peut décrire continûment ? Quels sont les mouvements qu'il ne peut décrire que discontinûment ? " On voit que ce problème ne dépend pas de la mécanique générale, mais d'une autre mécanique que l'on pourrait désigner sous le nom de *Mécanique de situation*, dont l'objet a été précisé par Poinsot dans ce passage d'un mémoire célèbre : " La mécanique elle-même nous présenterait deux espèces de mécanique : et d'abord celle qui calcule la quantité des mouvements, les forces, les vitesses ; ensuite celle qui n'a en vue que la disposition des corps, leur jeu réciproque, la manière dont ils croisent leurs routes, et cela sans avoir égard ni à la direction de ces lignes, ni au temps que les corps mettent à les décrire, ni aux forces qui sont nécessaires pour les mouvoir (5). "

D'autre part, ce problème de la continuité et de la discontinuité des mouvements physiologiques n'est pas différent du problème de la dynamogénie et de l'inhibition qu'ont posé les travaux modernes, et surtout les belles recherches de M. Brown-Séquard (6). D'après la définition de cet éminent physiologiste, sont *dynamogènes* les irritations nerveuses qui, plus ou moins instantanément, pour une durée plus ou moins longue, dans des parties nerveuses ou contractiles plus ou moins distantes du lieu de l'irritation, exagèrent plus ou moins une fonction ; sont *inhibitoires* les irritations nerveuses qui, dans les mêmes conditions, font plus ou moins disparaître une fonction. Les effets d'inhibition sont encore connus sous le nom de *phénomènes d'arrêt*. La notion de discontinuité et la notion d'arrêt sont identiques : la notion de continuité est liée à la notion d'accélération des fonctions, un mouvement accéléré pouvant être considéré comme un mouvement dont la continuité est augmentée à chaque instant. Chacun sait qu'à toute sensation agréable correspond un accroissement dans la force disponible, à toute sensation désagréable une diminution : ces faits, M. Féré les a précisés en enregistrant sur des hystériques et des sujets normaux les variations de la force au dynamomètre suivant la nature de la sensation (7). Ainsi, un Dr G. dont la force à la main droite varie de 50 à 55 kilogr., dès qu'on approche vivement de ses narines un flacon de musc pur, déclare cette odeur extrêmement désagréable, et voit sa force baisser à 45 kilogr. Si on place le flacon à distance, il déclare l'odeur très agréable, et donne 65 au dynamomètre. Chez une hystérique, l'approche du flacon de musc détermine une sensation très agréable qui se traduit par 46 au lieu de 23.

On peut donc considérer comme d'une portée absolument générale, aussi bien esthétique que physiologique, les problèmes suivants : " Quels sont les mouvements que l'être vivant peut décrire continûment ? Quelles sont les formes que ces conditions imposent à la perception ? "

1. Ch. Richet, de Varigny et Gley (*Comptes rendus de la Société de Biologie*, 1884, pages 365, 381, 450). — Hughling-Jackson, *Clinical and Physiological Researches*, page 18.

2. *Comptes rendus des séances de l'Académie des Sciences de Paris*, 24 mai et 21 juin 1886.

3. Ribot, *Revue philosophique*, tome VIII, 1879, page 371. — Cours à la Sorbonne, 1886.

4. C'est, entre autres, cette question de temps qui explique les discussions récentes de divers observateurs sur le langage intérieur en rapport avec l'innervation musculaire : Stricker (*Studien über die Bewegungsvorstellungen*, Wien, 1882, pages 18 et suivantes. — *Revue philosophique*, décembre 1883 et juillet 1886. — *Le Langage et la Musique*, traduction française, Paris 1885) ; — Egger, *De la parole intérieure* ; — Paulhan, *Revue philosophique*, octobre 1885 et janvier 1885. Dans certaines conditions l'hyperesthésie, toujours corrélative d'une grande faiblesse musculaire, n'est qu'une forme de l'anesthésie, comme il se verra page 47, note 2 de ce mémoire ; M. Féré en a donné la preuve clinique (*Société de Biologie*, 1881, page 310).

5. *Réflexions sur les principes fondamentaux de la Théorie des Nombres*, Paris, 1845, page 5.

6. *Recherches sur les causes de la mort après l'ablation du point vital* (*Journal de Physiologie*, 1858, page 217). — *Sur trois espèces de Syncopes* (*Archives de Physiologie*, 1869, page 767.)— *Mémoires de la Société de Biologie*, 1879-1887.

7. Féré (*Comptes rendus de la Société de Biologie*, 1885. — *Revue philosophique*, octobre 1885, page 365. — *Sensation et Mouvement*, Alcan, 1887).

I.

VARIATIONS DU TRAVAIL INTÉRIEUR ET DIRECTIONS.

1. Formes de la Mécanique vivante. — L'étude de la mécanique animale prouve que nous ne pouvons décrire continûment que des cycles entiers ou partiels.

En effet, tous nos mouvements articulaires se réduisent aux fonctions du levier simple : les leviers étant les os ; les puissances, les muscles ; les résistances, les poids du corps ou des objets sur lesquels s'exerce notre force ; les points d'appui, les articulations. Le ginglyme des anatomistes (par exemple, les articulations des phalanges entre elles, l'articulation occipito-atloïdienne, celle du fémur avec le tibia, etc.) n'est qu'un angle dont les deux côtés sont mobiles l'un par rapport à l'autre dans un même plan : l'extrémité de l'os mobile ne peut évidemment décrire que des portions de cycle. Les condyliennes sont des systèmes dans lesquels l'extrémité mobile de l'os décrit deux cycles dont les plans sont rectangulaires (exemple : l'articulation du premier métacarpien avec le trapèze). Les énarthroses ne sont que des mouvements dans lesquels l'extrémité de l'os mobile décrit une infinité de cycles, dont le centre est tantôt sur l'os mobile (exemple : articulation scapulo-humérale), tantôt sur l'os fixe (exemple : articulation métacarpo-phalangienne). Les mouvements de révolution conique du radius autour du cubitus, de révolution cylindrique des vertèbres les unes sur les autres, rentrent dans la même loi, de même que les mouvements du corps dans la marche. M. Carlet et M. Marey ont prouvé que le pubis décrit une courbe qu'on peut considérer comme inscrite dans une gouttière à convexité inférieure, au fond de laquelle se trouvent les minima, et aux bords de laquelle sont tangents les maxima. La génératrice de ce demi-cylindre est parallèle à la direction de la marche : les minima correspondent au milieu de l'appui bilatéral, les maxima au milieu de l'appui unilatéral [1].

Mais par là même que l'être vivant est continu (sa continuité est impliquée par son unité), il ne peut y avoir rotation continue d'une pièce sur une autre, ainsi que dans les machines ; Foucault et M. Marey [2] l'ont observé : nous ne pouvons point décrire d'une façon continue de grands cycles autour d'un point fixe : un grand cycle a besoin de la collaboration des appendices supérieurs et inférieurs, droits et gauches ; en un mot, l'être vivant ne peut décrire que de petits cycles continus ou de grands cycles relativement discontinus.

L'être vivant ne pouvant tracer d'une manière continue ou relativement discontinue que des cycles de rayon défini, ne peut décrire une circonférence qui est la simultanéité de deux cycles égaux et contraires [3] : en effet, s'il n'y a qu'un centre, ces cycles sont liés l'un à l'autre, ils s'annulent réciproquement ; s'ils sont indépendants, il y a deux centres et, par conséquent, deux êtres vivants. Je puis bien décrire simultanément avec la droite et avec la gauche deux cycles contraires ; mais, mentalement, ils ne sont jamais égaux, la droite étant plus forte que la gauche ou inversement. De même, ni la figure réciproque du cycle, la direction rectiligne, ni toute autre courbe algébrique ne peuvent être décrites. Pour tracer exactement ces lignes d'une manière continue, il faut recourir à des systèmes articulés du genre de ceux imaginés par MM. Paucellier, Hart, Perrolaz, Bentapol [4]. Choisissons le type le plus général, celui de M. Paucellier.

(Fig. 1)

On démontre facilement que si dans les figures 1 et 2, représentant un assemblage de tiges rigides articulées à leurs extrémités, le point B est assujetti à se mouvoir circulairement en passant par le centre d'articulation C, le mouvement du point A sera rectiligne. En faisant varier l'un des éléments, la distance CC′ par exemple, cette combinaison de pièces articulées permet de tracer d'une manière continue des arcs de cercle de toute courbure. Si à cette combinaison on ajoute la bride C_1I (Fig. 3), articulée au point I de la pièce CC′, où la droite décrite par A coupe la ligne des centres CC′ ; si l'on fixe le point C, ainsi que le sommet A, et que l'on fasse $C_1I = C_1A$ et que toutes les autres parties de la figure soient libres, tout point M de la perpendiculaire IM à CC′ parcourra un limaçon de Pascal, et on obtiendra une conique, en liant le point M au sommet libre d'un losange articulé, dont on fixera le centre d'assemblage des brides en A. Ce point deviendra le foyer de la conique, et AC sera la direction de l'axe principal ; la conique sera une ellipse, une parabole, une hyperbole, selon que $\frac{IM}{2C_1I} \lessgtr 1$. En général, toute courbe algébrique, autre que des cycles d'un rayon défini, peut être engendrée avec un système articulé convenablement choisi [5], mais non avec un seul compas, ni avec la mécanique vivante.

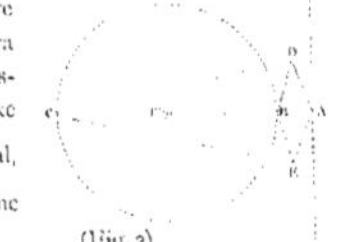

(Fig. 2)

1. Carlet, *Annales des Sciences naturelles*, 1872. — Marey, *Journal de l'Anatomie*, 1873, et *Comptes rendus de l'Académie des Sciences*, 2 juin 1885.
2. Marey, *La Machine animale*, page 69. — Léon Foucault, *Les Débats*, n° du 22 octobre 1845.
3. Pour ce point de vue des directions, consulter les travaux de M. Laguerre. (*Bulletin de la Société mathématique de France*, 4 et 18 juin 1880. *Comptes rendus de l'Académie des Sciences*, 1881 et 1882. Rouché et de Comberousse, *Traité de Géométrie*, 5e édition, 1883, pages 270 et suivantes.) Chaque fois qu'il sera question de mécanique vivante, le terme de circonférence devra être entendu dans le sens de cycle.
4. Voir le *Traité de Mécanique* de M. Éd. Collignon, 1re partie : Cinématique, pages 442, 527 et suivantes, 3me édition.
5. *Nouvelles Annales de Mathématiques*, 1873, page 71.

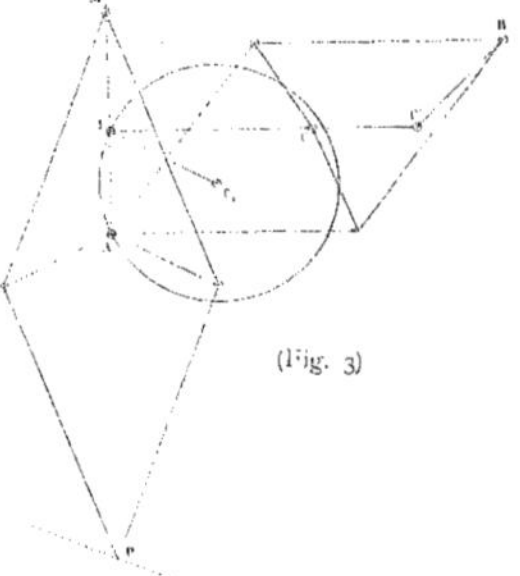
(Fig. 3)

Cela posé, pour marquer l'intensité d'une excitation, ou l'être vivant décrira des circonférences continues, les excitations se différentiant par le nombre de circonférences qui réaliseront chacune d'elles dans l'unité de temps ; ou chaque excitation se marquera directement par un changement de direction d'une certaine forme. Dans le premier cas, le point final de la dernière circonférence se confondant avec le point initial de la première, chaque groupe de circonférences forme un entrelacs qui se résout en une grande circonférence d'un nombre de sections égal au nombre des petites circonférences continues, finalement en un changement de direction d'une certaine forme ; plus il y a d'unités objectives, plus il y a d'unités subjectives ; plus il y a de sections de circonférence, plus est petit le changement de direction : le changement de direction varie donc en raison inverse des unités objectives. Dans le second cas, le changement de direction varie nécessairement aussi en raison inverse, puisque les deux procédés sont des transformations l'un de l'autre (1).

En général, on peut énoncer cette proposition fondamentale :

Toute variation de travail physiologique se représente par des changements de direction réels ou virtuels de la force.

2. Dynamogénie et inhibition des directions. — Quelles sont les directions dynamogènes ? Quelles sont les directions inhibitoires ?

D'après des recherches récentes de M. Mendelssohn (2), les réflexes, avant de s'irradier dans l'organisme, passent tous à la hauteur d'un ½ millimètre au-dessous du *calamus scriptorius*. Or, en excitant, par exemple, le membre postérieur droit avec une intensité de courant minimum, c'est-à-dire à peine suffisante pour provoquer un mouvement réflexe de flexion, et en augmentant graduellement l'intensité du courant, on voit que l'irradiation des réflexes se fait toujours dans l'ordre suivant : le réflexe apparaît d'abord dans le membre postérieur excité, puis dans la patte antérieure du même côté, puis dans la patte antérieure du côté opposé, enfin dans la patte postérieure du côté opposé. En excitant un membre supérieur, on voit le réflexe s'irradier sur le membre supérieur du côté opposé avant d'apparaître dans le membre inférieur du côté excité; c'est le membre inférieur du côté non excité qui entre le dernier en branle. Ce n'est que par des excitations *fortes*, ou en mettant obstacle au passage des réflexes normaux dans la moëlle épinière, par exemple par des sections successives, que l'on peut provoquer l'irradiation, d'abord dans le sens transversal. Le sens normal des mouvements réflexes est donc de bas en haut. Legros et Onimus ont constaté souvent l'augmentation des réflexes sous l'influence d'un courant ascendant dans la moëlle épinière : d'ailleurs la direction ascendante des manifestations de l'activité dans le plaisir est un de ces faits d'*expression* sur lesquels on ne s'est jamais trompé.

C'est également le sens normal des mouvements volontaires. J'ai observé que si, en serrant au commandement le dynamomètre, on dirige le bras de bas en haut, on donne toujours un chiffre plus élevé que si on le dirige de haut en bas. Voici quelques chiffres pris sur des sujets réputés normaux et non prévenus le plus souvent :

	M.H.F.	M.G.K.	M.M.	M.L.d'O.	M.F.-F.	moi.
Droite.	↑ 38 ↓ 35	↑ 34 ↓ 31	↑ 50 ↓ 48	↑ 34 ↓ 32	↑ 34 ↓ 31,5	↑ 35 ↓ 31
Gauche.	↑ 33 ↓ 29	↑ 28 ↓ 24	↑ 42 ↓ 38	↑ 28 ↓ 24	↑ 32 ↓ 31	↑ 26 ↓ 24
Droite.	....	....	....	↑ 35 ↓ 30	....	↑ 31 ↓ 29
Gauche.	....	....	....	↑ 33 ↓ 28	....	↑ 26 ↓ 26
Droite.	....	....	....	....	....	↑ 34 ↓ 28
Gauche.	....	....	....	....	....	↑ 25 ↓ 24

La direction de bas en haut marque donc le sens normal du travail physiologique: elle est donc normalement dynamogène ; la direction de haut en bas est inhibitoire.

Le membre supérieur droit est généralement plus fort que le membre supérieur gauche (3); pour le type de la réaction d'un seul côté, il y aura donc moins d'arrêt dans la direction de gauche à droite que dans la direction de droite à gauche : la première est dynamogène, la seconde inhibitoire normalement. (Le cas du gaucher sera étudié plus loin, page 50.)

Il en sera nécessairement de même pour le type de la réaction discontinue des quatre côtés. On pourrait déduire ce type de la réaction par un seul côté, en observant qu'en haut la droite doit tendre vers le haut, et en bas, vers le bas, puisque ainsi, au point de vue de la dynamogénie d'un seul côté, elle est dynamogène, au point de vue de l'inhibition, elle est inhibitoire: ce que nous savons déjà : la gauche tendrait dans l'hémicycle supérieur vers le bas et dans l'hémicycle inférieur vers le haut. Mais de ce type, la marche nous offre un précieux spécimen. On sait que, dans la marche, le membre supérieur se dirige toujours en sens inverse du membre inférieur du même côté, et dans le même sens que le membre inférieur de l'autre côté; les deux membres inférieurs se dirigent nécessairement en sens inverse l'un de l'autre : l'un s'élève pendant que l'autre s'abaisse. Or, le membre supérieur droit est généralement plus fort que le membre supérieur gauche; on doit en conséquence lui assigner la direction de bas en haut, puisque d'après le paragraphe précédent, c'est la direction

1. J'ai supposé la réaction d'un seul côté, les réactions de deux côtés pouvant toujours se ramener à des réactions d'un seul côté et réciproquement.

2. *Comptes rendus de la Société de Biologie*, 16 mai 1885, page 321.

3. En explorant certain faisceau de muscles au dynamomètre, M. Pitres a constaté que seulement sur la moitié des sujets le membre inférieur droit est plus fort que le membre inférieur gauche, de sorte qu'il y aurait autant de sujets à la fois droitiers supérieurement et gauchers inférieurement que de sujets droitiers absolument; la femme aurait aussi plus de tendance que l'homme à être gauchère. (*Archives de Neurologie*, 1882, tome VI, page 40.) Je reviendrai sur cette question § 57 ; mais on remarquera bientôt que le membre inférieur droit, pour s'orienter dans notre représentation, doit, comme le membre supérieur gauche, se diriger d'abord en haut, puis se diriger en bas. Le fait singulier d'une gaucherie inférieure s'explique ainsi.

dynamogène; d'où le schème ci-contre (fig. 4) de la répartition de la force des quatre côtés au point de vue subjectif. On voit qu'à droite la force se dirige en haut dans la partie supérieure, en bas dans la partie inférieure : il y a concordance entre les directions de la force et la situation de la force, situation qui ne peut être perçue que par une réalisation réelle ou virtuelle de la direction; à gauche, il y a désaccord ; à droite, la répartition de la force est donc dynamogène, à gauche, inhibitoire. Pour la réaction discontinue des quatre côtés, qui subjectivement devient une réaction discontinue des deux côtés ou absolument discontinue, comme pour la réaction d'un seul côté, la direction de gauche à droite est donc normalement dynamogène, la direction de droite à gauche normalement inhibitoire.

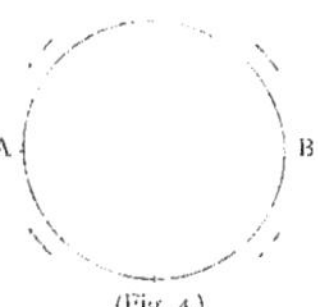

(Fig. 4.)

Supposons, sur un cycle successif, un arrêt et que cet arrêt soit un petit cycle réalisable continûment, ce petit cycle sera réalisé en sens inverse du grand cycle : donc deux cycles inverses sont continus l'un par rapport à l'autre : deux cycles de même sens sont discontinus l'un par rapport à l'autre. Il y a donc dynamogénie entre des cycles inverses, inhibition entre des cycles de même sens ; il est facile de le sentir par expérience en s'efforçant de décrire très rapidement des cycles inverses ou de même sens avec les deux mains simultanément.

Au point de vue de la réaction continue à droite et à gauche, le schème de répartition de la force dans le type de la réaction discontinue de deux côtés se décompose en deux cycles continus, donc inverses, l'un supérieur dirigé en haut de droite à gauche, l'autre inférieur dirigé en haut de gauche à droite; dans le sens normal du travail, c'est-à-dire en haut, il y a donc dans la première phase inhibition. On retrouve ainsi l'arrêt impliqué par le type de réaction discontinue des deux côtés.

Au point de vue de la réaction discontinue à droite et à gauche, le même schème de répartition de la force se décompose en quatre cycles : les cycles supérieur et inférieur droits, dirigés de gauche à droite, les cycles supérieur et inférieur gauches dirigés de droite à gauche. On voit qu'il y a dynamogénie : 1° entre les cycles supérieurs ; 2° entre les cycles inférieurs ; 3° entre le cycle supérieur d'un côté et le cycle inférieur de l'autre côté, puisque ces cycles sont inverses. Normalement, il y a croisement d'actions continues.

S'il y a arrêt, d'où rotation en sens inverse, par exemple dans le cycle supérieur droit, les deux cycles supérieurs s'inhibent, parce qu'ils sont dirigés dans le même sens ; pour la même raison, le cycle supérieur droit inhibe le cycle inférieur gauche ; il dynamogénie le cycle inférieur droit comme dirigé en sens contraire. Il n'y a plus croisement d'actions continues. S'il y a également arrêt dans le cycle supérieur gauche, d'où rotation en sens inverse, le cycle supérieur gauche dynamogénie le cycle inférieur comme dirigé en sens contraire. La discontinuité entre les deux côtés droit et gauche est absolue (1).

Si l'arrêt gagne les cycles inférieurs et si, en conséquence, ces cycles s'animent de rotations inverses, les cycles supérieurs et inférieurs de chaque côté s'inhiberont réciproquement. Il y aura de nouveau croisement d'actions continues; tout se passera comme dans l'état normal, sauf que les cycles de gauche seront dirigés de gauche à droite, les cycles de droite dirigés de droite à gauche. La droite, précédemment plus forte que la gauche, tendra à être moins forte que la gauche, car, se dirigeant à gauche, elle sera inhibée par cette direction, toujours inhibitoire, puisque l'état normal est droitier; la gauche sera plus forte, car, se dirigeant à droite, elle sera dynamogéniée par cette direction. L'être vivant sera, pour un temps plus ou moins long, gaucher ; la direction de droite à gauche sera pour lui dynamogène et il ne faut pas confondre cet état artificiel avec la gaucherie naturelle sur laquelle je reviendrai (§ 57).

M. le docteur Féré (2) a bien voulu, sur ma prière, enregistrer chez un sujet très sensible de la Salpêtrière les variations de la force au dynamomètre, suivant que ce sujet regardait le mouvement d'un disque coloré tournant de droite à gauche, ou tournant de gauche à droite. Les expériences, faites à des jours différents, lui ont donné ces nombres parfaitement concluants :

	Immobile.	En rotation	
		De droite à gauche.	De gauche à droite.
Disque vert	27	33	37
— bleu	25	27	33
— jaune	22	25	29
— rouge	42	47	48

Au dynamographe, la différence de dynamogénie des deux directions, encore sensible sur la plupart des tracés, est moins évidente; mais faut-il conserver une certaine réserve sur la valeur dynamogène de la direction du mouvement de gauche à droite ? Il suffit que le sujet soit fatigué (et les sujets de cette catégorie sont presque perpétuellement fatigués) pour que la direction de gauche à droite devienne indifférente et même inhibitoire. L'expérience marque que toujours, dans la fatigue, la force tend à s'égaliser à droite et à gauche, et que même le droitier devient gaucher pour un temps plus ou moins long. D'après les explorations dynamoscopiques, la différence des côtés droit et gauche, au point de vue du bourdonnement, n'est pas aussi sensible chez le vieillard que chez l'adulte ; les caractères du bourdonnement paraissent être les mêmes des deux côtés pendant le sommeil, à l'état de fatigue et chez la femme enceinte (3). La démonstration expérimentale est donc complète; la théorie va nous permettre d'interpréter des statistiques.

D'après Lombroso (4), des êtres anormaux, comme les criminels, ont la force plus grande à gauche qu'à droite dans la proportion de 23 %, les gens dits honnêtes seulement dans la proportion de 14 %; ils ont également la sensibilité plus obtuse à droite qu'à gauche. Chez les criminels, on trouve 14 . 3 % gauchers (hommes), 22 . 7 % gauchers (femmes) ; tandis que, sur 711 femmes dites

1. C'est par des considérations de cet ordre que se concilieront les relations classiques des zones motrices corticales avec le côté opposé de la moelle épinière et les faits découverts par M. Brown-Séquard de communication des zones motrices avec les membres du côté correspondant (*Société de Biologie*, 1882, pages 328 et suivantes).

2. *Société de Biologie*, 1885. — *Revue philosophique*, mars 1886.

3. Collongues, *Traité de Dynamoscopie*, 1862, pages 23 et 26.

4. Lombroso, *L'Uomo delinquente*, 3e édition, 1884, page 34. Une traduction française de la 4e édition vient de paraître.

normales, on en a trouvé seulement 4,3 %; sur 238 ouvriers réputés normaux, seulement 5,8 %; chez des fous, 4,13 à 4,27 %. L'expérience ne peut apprendre si ces êtres réputés normaux étaient gauchers naturellement ou artificiellement. C'est une distinction qu'il faut faire sous peine des plus évidentes absurdités. On ne pouvait donc donner les chiffres de Lombroso comme des indications en faveur de l'inhibition de la gaucherie, tant qu'on ne possédait à ce sujet aucune connaissance théorique.

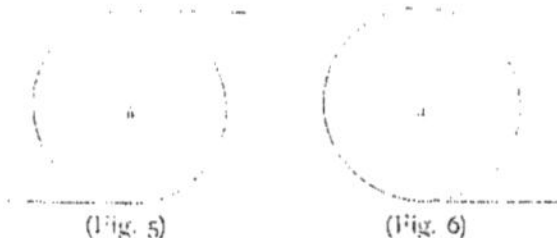

(Fig. 5) (Fig. 6)

De toutes les explications précédentes il ressort que l'association de la direction de bas en haut avec la direction de gauche à droite doit être normalement dynamogène, de même que l'association de la direction de haut en bas avec la direction de droite à gauche. Inversement, l'association des directions de droite à gauche avec la direction de bas en haut, de gauche à droite avec la direction de haut en bas, doit être normalement inhibitoire. En effet, soient (fig. 5 et 6) les deux cycles orientés suivant ces deux combinaisons : tout être normal ou droitier préférera considérer la figure 5; au contraire tout être gaucher préférera considérer la figure 6; la première représente une projection immédiate, la seconde une projection en fonction du temps. Dans la figure 5, la gauche est supposée en bas, la droite est supposée en haut : c'est donc un schème au point de vue vertical ; dans la figure 6, la représentation de la droite et de la gauche peut être considérée comme un point de vue horizontal : car la droite ne pouvant être projetée en haut, la gauche en bas suivant le sens normal, à cause des projections contraires accidentelles, il n'y a projection ni en haut ni en bas : le point de vue vertical est dynamogène, le point de vue horizontal inhibitoire.

Les cycles continus croissent de rayon par la dynamogénie : ils deviennent discontinus; par l'inhibition ils redeviennent continus. C'est dire que les directions centrifuges sont dynamogènes, les directions centripètes inhibitoires.

On sait que, dans le pas en arrière, la jambe étendue est moins écartée de la verticale que dans le pas en avant ; le pas en avant est donc, à égalité d'effort, plus allongé que le pas en arrière, autrement dit, le pas en arrière subit des arrêts ; il y a constamment un rapport approximatif de 4 à 5 entre le nombre des pas en avant et celui des pas en arrière pour une même distance : la direction d'arrière en avant est donc dynamogène, la direction d'avant en arrière inhibitoire.

En résumé, les directions de bas en haut, de gauche à droite, centrifuge, d'arrière en avant, sont dynamogènes ; les directions contraires, inhibitoires ; les premières tendent vers l'inhibition et, si l'être vivant a dépensé sa force, ce sont les secondes qui sont dynamogènes.

Il y aurait évidemment lieu d'associer toutes les directions dynamogènes entre elles, et toutes les directions inhibitoires entre elles, comme j'ai fait pour les directions de droite à gauche, de haut en bas et leurs inverses. Il est clair que la direction centrifuge et, en général, les directions dynamogènes sont la représentation du point de vue objectif, que la direction centripète, en général, les directions inhibitoires sont la représentation du point de vue subjectif, puisque toute sensation correspond à un arrêt.

La perception étant la réalisation virtuelle de l'objet, les directions de bas en haut et de gauche à droite étant dynamogènes, c'est-à-dire marquant la continuité, devront être réalisées plus grandes que les directions contraires : de là des erreurs dans l'évaluation des rapports. Volkmann (1) en plaçant une ligne mobile entre deux autres lignes à un, deux, trois, quatre, cinq dixièmes de la distance totale, trouva, en premier lieu, entre la moyenne de toutes les expériences relatives à un certain rapport et le rapport vrai, des écarts qu'il nomme *erreurs constantes* ; les écarts par rapport à la moyenne de chaque série s'appellent *erreurs variables*. Les erreurs constantes faisaient toujours prendre la distance comptée de gauche à droite un peu trop grande par rapport à celle comptée de droite à gauche. C'est ce qu'indique le tableau suivant qui, marque en millièmes de ligne la moyenne des erreurs constantes de 40 expériences ; il s'agissait de subdiviser une ligne de Paris. On voit de plus que si l'on additionne les erreurs positives d'une part et les erreurs négatives d'autre part : 1° pour la direction de bas en haut ; 2° pour la direction de haut en bas, les erreurs négatives l'emportent de + 18,9 sur les positives dans la direction de haut en bas, tandis qu'elles ne l'emportent que de + 4,0 dans la direction de bas en haut. On tend donc à faire la direction de haut en bas plus petite que la direction de bas en haut. C'était le sens prévu par la théorie.

RAPPORTS DEMANDÉS	0,1	0,2	0,3	0,4	0,5	0,6	0,7	0,8	0,9
Direction de gauche à droite	+ 13,4	+ 19,8	+ 6,7	+ 11,7	+ 3,4	+ 13,4	+ 24,8	+ 10,0	+ 6,8
Direction de droite à gauche	— 10,8	— 9,3	— 20,0	— 12,0	— 6,2	— 4,5	— 9,5	— 19,7	— 19,4
Direction de bas en haut	+ 2,9	+ 2,9	— 12,1	— 5,9	— 13,5	— 2,2	+ 7,2	+ 5,1	+ 11,6
Direction de haut en bas	— 5,0	— 4,7	— 6,0	+ 3,9	+ 9,7	+ 13,6	— 17,4	— 7,3	— 10,8

Les erreurs présentèrent des valeurs absolues plus grandes, mais des valeurs relatives un peu moindres, dans une autre série d'expériences où la longueur à partager était de 100mm et où les limites des distances respectives étaient marquées par trois cheveux minces suspendus à l'échelle graduée. Les grandeurs sont exprimées en dixièmes de millimètre de sorte que l'unité est encore un millième de la quantité à partager :

1. *Berichte der Sachsischen Gesellschaft*, 7 August 1858, résumé par M. de Helmholtz, *Optique physiologique*, traduction française, page 697.

RAPPORTS DEMANDÉS	0,1	0,2	0,3	0,4	0,5	0,6	0,7	0,8	0,9
Direction de gauche à droite	+ 2,35	+ 7,45	+ 0,5	+ 10,7	+ 4,15	+ 12,4	+ 11,3	+ 0,85	+ 4,10
Direction de droite à gauche	— 1,8	+ 0,6	— 11,1	— 5,2	— 4,0	— 7,5	— 5,5	— 4,4	— 2,8

Volkmann additionnait les valeurs absolues des *erreurs variables*, sans tenir compte des signes et divisait la somme de ces erreurs par le nombre des observations. Les valeurs moyennes de ces erreurs se trouvèrent être à peu près égales pour les rapports complémentaires, 0,1 et 0,9 ; 0,2 et 0,8 ; etc. Il trouva également que la comparaison des distances verticales est bien plus imparfaite que celle des distances horizontales ; ce qui tient à ce que les distances verticales impliquent des directions simultanément plus discontinues et plus continues que les distances horizontales.

En résumé, l'être vivant a une droite et une gauche. Cette dissymétrie est sa caractéristique essentielle, d'ailleurs reconnue.

De là résulte pour toute action continue une forme de perception égale à 2 et pour toute action discontinue ou pour toute action continue d'un seul côté une forme de perception égale à $\frac{1}{2}$. Cette dualité implique la continuité des réactions : la production de la gaucherie dans la fatigue marque bien que l'on peut considérer la droite comme une gauche dont les actions ont duré dans les limites de la force disponible. Réciproquement, la molécule inorganique, dépourvue de droite et de gauche, est absolument discontinue, autrement dit, indépendante du temps, en elle-même. C'est la seule donnée fondamentale que nous possédions sur les deux matières : c'est évidemment à cette représentation qu'il faut rattacher les principes de la dynamique inorganique, la seule constituée jusqu'ici et les principes de la dynamique vivante non encore précisée. Nous expliquerons ainsi la manière très différente dont se comporte dans les mêmes conditions la matière inorganique et la matière vivante : et nous pourrons, en rattachant les forces dites physiques à des modes d'actions inconscients de l'être vivant (de cet être vivant qui les présente toutes), constituer les éléments d'une dynamique vraiment générale.

II.

LE CONTRASTE.

3. Contraste successif et simultané. Maxima et minima. — On a vu qu'il n'y a pas de sensation sans arrêt de mouvement et, par conséquent, sans mouvement virtuel en sens inverse. Tout arrêt implique une direction virtuelle en sens contraire. Lorsque les directions diffèrent au maximum ou au minimum, il y a arrêt sur le cycle : c'est la fonction de *contraste*.

Abstraitement, si un cycle ne peut être réalisé que successivement, mais dans les deux sens, deux directions opposées quelconques contrastent au maximum, deux directions successives infiniment peu différentes contrastent au minimum; si un cycle ne peut être réalisé que successivement, mais dans un seul sens, deux directions contrastent au minimum ou au maximum suivant qu'elles sont infiniment peu différentes dans le sens du cycle ou en sens contraire. Les opérations successives de l'être vivant sont toujours virtuellement simultanées. Cette restriction posée, le contraste est ou *simultané* ou *successif*.

Deux directions opposées se réduisent toujours à une seule direction, puisqu'elles ne peuvent être réalisées simultanément (§ 1) et qu'elles ne sont considérées que comme des cycles inverses ou continus (§ 2): c'est dire qu'au point de vue simultané, les deux directions contrastent au minimum lorsqu'elles sont distantes de $\frac{1}{2}$ circonférence ; elles contrastent au maximum lorsqu'elles sont distantes de $\frac{1}{4}$ à partir du point de départ.

Si je réalise successivement un changement de direction, le minimum dont puissent contraster les deux positions successives d'une même direction a pour limite inférieure $\frac{1}{6}$ de circonférence, puisqu'il est indifférent de prendre deux directions, chacun des points d'arrêt de l'une étant équidistant de chacun des points d'arrêt de l'autre et du point de départ; d'autre part les deux positions successives d'une même direction diffèrent au maximum lorsqu'elles sont distantes de $\frac{1}{2}$ circonférence, si on se place au point de vue purement successif et si le cycle peut être réalisé dans les deux sens ; mais comme, simultanément, elles diffèrent au minimum et qu'on peut toujours les considérer simultanément, donc au point de vue successif, le maximum dont elles puissent contraster est $\frac{1}{3}$ de circonférence.

Les deux directions opposées, considérées comme des cycles inverses, représentent : l'une un cycle nul, l'autre étant un cycle maximum, et réciproquement : elles sont donc véritablement complémentaires d'un grand cycle.

4. Lois des deux contrastes. Erreurs d'estimation. — Si j'appelle les deux directions opposées *complémentaires* l'une de l'autre, on a cette proposition : *Toute direction évoque sa complémentaire.*

Si je réalise simultanément, c'est-à-dire par la droite et la gauche combinées, deux directions, je continue ces mouvements en sens inverse l'un de l'autre (si je les continuais dans le même sens, il n'y aurait plus ni droite, ni gauche, ni simultanéité); la direction *a* (fig. 6) rencontre donc la complémentaire *b'* de *b*, la direction *b* la complémentaire *a'* de *a*, c'est-à-dire que : *Chaque direction évoque la complémentaire de l'autre.*

(Fig. 6)

Ce sont les lois du contraste successif et du contraste simultané. En général, un angle plus grand que $\frac{1}{6}$ de circonférence considéré successivement paraîtra plus petit qu'il n'est, car on le rapportera à $\frac{1}{3}$, ou ce qui revient au même à $\frac{1}{6}$, pris à partir de la direction complémentaire ; plus petit que $\frac{1}{6}$, il paraîtra plus grand qu'il n'est réellement, car on le rapportera à $\frac{1}{6}$. Un angle obtus considéré simultanément paraîtra de même plus petit qu'il n'est, car on le rapportera à $\frac{1}{4}$: un angle aigu paraîtra plus grand qu'il n'est, car on le rapportera également à $\frac{1}{4}$, puisqu'on ne peut le rapporter à $\frac{1}{2}$, le minimum du contraste simultané, c'est-à-dire à un changement de direction pouvant être considéré comme nul. Les erreurs sont donc dans le même sens pour le contraste successif et pour le contraste simultané ; mais *un changement de direction réalisé simultanément, paraît plus petit qu'un changement de direction réalisé successivement*, car si on compare au cycle successif, comme cela est nécessaire, puisque tel est le point de vue élémentaire, le tracé successif et le tracé simultané, la simultanéité engendre sur un point quelconque une discontinuité qui diminue, en conséquence, la continuité du changement de direction, et le fait paraître plus petit.

5. Le contraste et les algorithmes fondamentaux. — Si je réalise successivement des grandeurs, je les *ajoute* ou les *retranche*, suivant le sens dans lequel je les considère ; le nombre des unités est donné par le nombre des points d'arrêt, le point initial n'étant pas considéré comme point d'arrêt. Un cycle successif est toujours discontinu.

Si je réalise *simultanément* deux ensembles de grandeurs ou, ce qui revient au même, deux demi-circonférences contraires avec n points d'arrêt, je puis considérer les n points d'arrêt d'un des ensembles comme un point d'arrêt de n directions contraires; si je décris la circonférence successivement, (et c'est là un mode élémentaire d'action dans un sens ou dans un autre) (§ 2, page 5), il y aura, dans une des demi-circonférences, arrêt du point multiple autant de fois qu'il y a d'unités de mesure dans l'autre demi-circonférence; c'est-à-dire multiplication des points d'arrêt des deux ensembles. *L'ordre* des facteurs est une considération de succession absolument étrangère à l'opération, et dont, par conséquent, est indépendant le produit : c'est une considération d'*état antérieur*. Et cette remarque me paraît la seule véritable démonstration qu'on puisse donner de ce théorème; celle que l'on enseigne d'ordinaire, et qui consiste à additionner les unités du multiplicande autant de fois qu'il y a d'unités dans le multiplicateur et réciproquement, n'étant, de l'avis unanime, que la généralisation d'expériences.

Si je m'arrête d'un côté 2 fois, 3 fois,..... n fois dans le même temps qu'il y a arrêt de l'autre 1 fois, je suis forcé de m'arrêter dans le tracé continu du second hémicycle en $\frac{1}{2}, \frac{1}{3} \cdots \frac{1}{n}$ de chemin pour chaque unité, autant de fois qu'il y a d'unités dans le premier; je divise donc le second groupe d'unités par le premier. L'ordre dans lequel je divise les deux groupes dépend de l'état antérieur.

Si n ensembles réalisés simultanément présentent chacun le même nombre d'unités, j'élève chaque ensemble à la n^e puissance; si, dans le même temps que je réalise n ensembles, je réalise $n - 1$ ensembles, j'extrais la racine n^e de ce sensembles; l'exposant, par sa discontinuité, marque le degré de continuité de la considération de l'ensemble des cycles ou la réduction des discontinuités à la continuité.

Tandis que les opérations de sommation et de multiplication rentrent dans le type des actions discontinues et subjectives, la première étant discontinue, la seconde présentant la réduction du procédé discontinu au procédé continu, l'élévation aux puissances et l'extraction des racines représentent le type des actions continues et objectives, car c'est toujours le même nombre d'arrêts qui apparait par la composition ou la décomposition idéale de l'entrelacs des cycles.

Mais la succession et la simultanéité sont les deux seuls modes d'action suivant le temps; les algorithmes de sommation et de multiplication et leurs inverses sont donc des algorithmes fondamentaux, qui doivent entrer dans le développement de toutes les fonctions. On est conduit ainsi directement et sans considérations métaphysiques à une idée importante, mise en lumière par Wronski, pour laquelle je ne puis que renvoyer à sa *Philosophie des Mathématiques* (1), en attendant que je présente tous les développements théoriques convenables.

6. L'unité et ses divisions naturelles. — Lorsqu'une fonction a atteint son maximum, elle change de sens. Pour un instrument assujetti à décrire une circonférence, ce changement de sens est un rebroussement vers le point de départ. La succession et la simultanéité étant les deux modes possibles de réalisation parfaite de l'unité (§§ 1 et 2), quand l'être vivant réalise successivement une circonférence, il s'arrête aux points de contraste maxima, pour revenir aux points de départ : ces points sont au nombre de 3 simples pour le contraste successif, de 2 doubles pour le contraste simultané (§ 3). Les deux points doubles sont chacun distants de $\frac{1}{8}$ de circonférence du point de départ, mais chaque direction évoque la complémentaire de l'autre; chaque direction prendra donc la direction de sa moyenne avec cette autre : c'est-à-dire qu'elle se confondra avec le rayon distant de $\frac{1}{4}$ de circonférence du point de départ. Mais alors les directions ne contrasteront qu'au minimum, ce qui est impossible, puisque leur fonction est de contraster au maximum; d'autre part, elles ne peuvent pas, par suite du contraste, garder leurs situations actuelles : elles devront donc contraster chacune au maximum, d'une part avec ce minimum, d'autre part avec leur situation actuelle. Ce maximum sera successif, puisque dans chaque cas c'est une seule direction qui contraste.

Représentons, suivant la mécanique naturelle, cette distance par un cycle; le point de départ et le point d'arrivée sont à l'origine : donc le maximum de contraste avec le point d'origine sera en un point distant de $\frac{1}{3}$ de l'origine; mais la distance totale est $\frac{1}{8}$ de circonférence, donc le point de chaque côté marquera $\frac{1}{24}$ de plus, c'est-à-dire en tout $\frac{1}{12}$, qui, ajouté à $\frac{1}{4}$, fait précisément $\frac{1}{3}$. Le contraste simultané donnera donc des valeurs élémentaires égales au contraste successif, en tout $\frac{2}{3}$, qui peuvent être considérés comme le premier maximum successif d'une fonction *de droite ou de gauche*. Il en résulte que les valeurs cherchées correspondent objectivement à trois mouvements alternatifs synchrones à deux mouvements alternatifs de même amplitude; il y a donc, par la réalisation de l'unité, tendance à la production dans le milieu de 3 vibrations dans le même temps que 2 : la densité moyenne du milieu engagé dans la sphère d'action serait donc moindre que celle du milieu libre; autrement dit le milieu est repoussé lorsque ces opérations se réalisent. Subjectivement, l'unité apparait suivant les conditions actuelles de continuité ou de discontinuité sous la forme $\frac{3}{2}$ ou $\frac{2}{3}$; ce sont l'intervalle de quinte et son inverse, et l'on doit à M. Marey cette expérience, remarquable confirmation de la théorie : en excitant le muscle *successivement* et *continûment*, il est parvenu à hausser d'une quinte le bruit musculaire.

La division naturelle de l'unité participera à la fois du contraste successif et du contraste simultané. Le nombre 12, étant à la fois le produit des minima et des maxima des deux contrastes, représente le nombre maximum des divisions immédiates de l'unité réalisée en fonction de la droite *ou* de la gauche par un seul côté. Le nombre 24, à la fois le produit du minimum du contraste simultané dans l'hypothèse de l'immobilité d'une des directions $\left(\frac{1}{8}\text{ de circonférence}\right)$ et du maximum du contraste successif $\left(\frac{1}{3}\right)$: du minimum du contraste successif $\left(\frac{1}{6}\right)$ et du maximum du contraste simultané $\left(\frac{1}{4}\right)$, est le nombre maximun des divisions immédiates de l'unité réalisée successivement à droite et à gauche.

Le type des réactions simultanées en haut et en bas, aboutissant à $\frac{2}{3}$, peut être considéré comme un type d'actions continues des deux côtés, mais inhibitoire, car la droite y est projetée dans l'hémicycle supérieur en bas, dans l'hémicycle inférieur en haut.

1. *Introduction à la Philosophie des Mathématiques et Technie de l'Algorithmie*, Paris, 1811, in-4°. — Cf. West, *Exposé des méthodes générales en mathématiques; résolution et intégration des équations. Applications diverses d'après Hoëné Wronski*, Paris, 1886, in-4°.

7. Le contraste et la théorie de la conscience. — Wundt a recherché expérimentalement quel est le nombre de représentations que notre conscience est capable de contenir simultanément. Je citerai textuellement l'exposé de sa méthode [1] : « Quand on a l'aperception d'une série d'irritations sensorielles successives, à chaque nouvelle aperception les irritations antérieures se retirent graduellement dans le pourtour obscur du champ de regard interne et en disparaissent à la fin entièrement. Si l'on réussit à déterminer quelle est, dans la série des représentations déjà effectuées, celle qui arrive justement à la limite de la conscience, quand une nouvelle représentation est aperçue, de cette façon, on découvre, pour le cas des représentations simples successives, l'étendue de la conscience. Le problème ainsi posé se résout, si on choisit comme irritants sensoriels les battements du pendule et si, toujours après la production d'un nombre fixe et déterminé de ces derniers, d'autres impressions sonores, se succédant régulièrement, par exemple des coups de cloche, se font entendre. Si l'on arrive à savoir quel est le nombre des battements du pendule qui peuvent de cette manière être réunis par la conscience et constituer un groupe, en même temps que pour notre conscience l'égalité des groupes se succédant reste encore distincte, par ce moyen on obtient dans ce cas spécial une mesure de l'étendue de la conscience. L'exécution des expériences montre cependant que la valeur limite ainsi trouvée dépend à un haut degré de la vitesse de la succession. Prenons pour point de départ une vitesse, au cours de laquelle l'aperception peut s'adapter encore aux irritations, et qui par conséquent présente les conditions les plus favorables pour opérer la perception d'un nombre aussi grand que possible de représentations. On voit ce nombre se réduire à mesure que la vitesse augmente ou qu'elle diminue : dans le premier cas, parce qu'une aperception suffisante n'est plus possible ; dans le second, parce que chaque représentation aperçue a le temps de s'obscurcir, de s'éclipser avant l'entrée d'une nouvelle représentation au point de regard interne : et même si le mouvement des impressions est très lent, il sera difficile de tenir éloignées d'autres représentations qui surgissent dans l'intervalle des pauses. Il est donc évident que le nombre qui est découvert, quand cette vitesse est des plus favorables, présente un intérêt tout à fait particulier. Dans le cas spécial des impressions successives ce nombre désignera l'étendue maximum de la conscience : et par conséquent il faudra s'attendre à ce que le nombre ait une grandeur constante ; tandis que les valeurs obtenues, quand les vitesses ont été modifiées, ne permettent, à vrai dire, que de mesurer les perturbations qui, lors de la prédominance des séries de représentations, sont susceptibles de se présenter par suite du changement des conditions de l'aperception. On constate que cette vitesse la plus favorable est de 0,3 — 0,5 de seconde pour des impressions séparées par un intervalle ; 12 est le plus grand nombre de représentations qui, dans ce cas, sont encore susceptibles d'être réunies en série. Nous serons donc autorisés à considérer *douze représentations simples comme étant l'étendue maximum de la conscience pour les représentations relativement simples et pour les représentations successives.* »

Dans les expériences en question, Wundt s'est servi de deux métronomes à sonnerie : dans l'un de ces instruments un coup de cloche répondait à 2, à 4 ou 6 battements de pendule et dans l'autre à 4, à 8 ou 12 battements. La durée d'oscillation variait entre 0,3 et 2ˢ ; quand elle atteignait 1ˢ, la réunion des 12 battements était déjà incertaine et même impossible dès l'apparition de la fatigue ; quand elle oscillait de 1,5 à 2ˢ, la réunion de 8 battements et non plus de 12 pouvait encore s'obtenir.

Puisque le nombre maximum des représentations simples et successives capables d'être groupées par la conscience n'est pas différent du nombre maximum des divisions immédiates de l'unité par le contraste, nous pouvons considérer la conscience comme la fonction subjective correspondant à l'exercice intégral du contraste : conclusion que l'intuition populaire et le sentiment des psychologues ont pressentie depuis longtemps.

8. Déterminations des minima perceptibles de différents ordres. — Supposons la réalisation continue de l'unité $\frac{3}{2}$: quelle sera la limite imposée à cette réalisation par la forme même de l'unité ? L'identité des produits des maxima de contraste d'une part, des minima d'autre part $\left(\frac{3}{3} \times \frac{4}{4} = \frac{6}{6} \times \frac{2}{2} = \frac{12}{12}\right)$ détermine une discontinuité de 12 unités, astreintes à être plus petites que 2, puisque les discontinuités ne peuvent être évaluées qu'en arrêts sur un cycle continu et que la forme de perception d'un tel cycle est 2. Le maximum réalisable ou le minimum perceptible dans ce cas sera donc, d'après les résultats des §§ 2, 5 et 6 : $\left(\frac{3}{2}\right)^{12} : 2 = \frac{3^{12}}{2^{19}} = \frac{531441}{524288} = 1{,}0136$. C'est le *comma musical pythagorique* qui s'applique évidemment aux réactions successives d'un seul côté.

(Fig. 7)

Si on se place au point de vue simultané, il y a au plus huit directions contraires, puisque le minimum du contraste simultané est $\frac{1}{8}$: chacune de ces directions, soumise à être virtuellement successive, réellement simultanée par rapport à la précédente, et de plus subordonnée à la forme de perception $\left(\frac{3}{2}\right)$, exprimera par rapport à la précédente l'intervalle $\left(\frac{3}{2}\right)^{7} : 2$, comme on peut s'en rendre compte par la fig. 33. Mais de plus la première et la huitième, étant les déterminations d'un cycle complet, sont astreintes à la forme $\frac{3}{2}$. On retrouve en effet sensiblement l'intervalle de quinte, si remarquant que chaque intervalle simultané est plus petit que l'intervalle successif d'une discontinuité, c'est-à-dire d'un comma pythagorique, on divise $\left(\frac{3}{2}\right)^{7.8} : 2$ par $\left(\frac{3}{2}\right)^{12.8} : 2$: on obtient 1,517.

Or l'intervalle contrastant dans les couleurs est sensiblement une quinte : c'est l'intervalle des nombres de vibrations du violet G au rouge B; chacun sait que les rouges en-deçà de C et les violets au-delà de G ne sont pas perçus comme différents des tons postérieurs ou antérieurs.

Si on observe que le minimum d'une fonction d'un seul côté s'exprime par $\frac{1}{6}$, on trouve que les réactions continues des deux côtés s'expriment par $\frac{5}{6}$: en effet continuons chacune des fonctions d'un seul côté B A (fig. 7) de l'autre côté ; elles doivent venir se rencontrer en B, autrement elles seraient croisées ; elles ne peuvent rester en ce point, ni revenir en A leur point de départ, car elles seraient équivalentes à une fonction d'arrêt ; donc elles s'arrêteront l'une en C, l'autre en D : elles déterminent ainsi $\frac{5}{6}$. Si l'on considère que le point de vue des maxima et des minima de contraste à la fois simultané et successif s'impose à des cycles que l'on peut

1. *Éléments de psychologie physiologique*, traduction française, tome II, page 241.

toujours considérer comme réalisés d'un seul côté, réalisés à la fois successivement et simultanément, on a : $12 + 12 + 6 = 30$ unités dans la figure 7.

Nous avons donc pour forme de perception du maximum continu : 30, du minimum continu : $\frac{1}{30}$. Or il y a au plus simultanément trois représentations telles, puisque quatre directions simultanées contrastant au maximum peuvent toujours se réduire à deux directions. La représentation du maximum discontinu continué au maximum est donc $\left(\frac{1}{30}\right)^3 = \frac{1}{27000}$ de circonférence = 48″. C'est le maximum perceptible visuel. On voit l'origine naturelle du système décimal. Rapprochons de cette donnée les résultats expérimentaux rapportés par M. de Helmholtz : « D'après les observations de Hooke, deux étoiles dont la distance apparente est inférieure à 30 secondes, apparaissent toujours comme une seule étoile et, sur cent personnes, une à peine peut distinguer deux étoiles dont la distance apparente est inférieure à 60 secondes. Les autres observateurs qui ont expérimenté, non pas sur les étoiles, mais sur des raies blanches ou sur des carrés blancs éclairés, ont trouvé une exactitude un peu moindre de la vision. Le meilleur œil qui ait été examiné par E. H. Weber distingua des traits blancs dont les milieux étaient distants de 73 secondes. Avec un éclairage intense, dans les conditions les plus favorables, j'arrive à 64 secondes. Sur la rétine de l'œil schématique de Listing, un angle visuel de 73″, 63″, 60″ répond à une distance de 0,00526^{mm}; 0.00464; 0,00438. » [1]

Si on considère les représentations successives du maximum continu, on aura évidemment 90 pour maximum réalisable en fonction des deux côtés au point de vue successif. C'est l'unité continue : l'unité discontinue se représentant par $\frac{2}{3}$ (§ 6), le maximum réalisable en fonction des deux côtés au point de vue successif, mais discontinu, est 60.

Le minimum perceptible de durée ne peut évidemment être déterminé qu'*a posteriori* : il s'agit de savoir quelle section minima de la circonférence est imposée par la représentation irréversible ou discontinue [2], à la fois successive et simultanée des déterminations du temps et de comparer cette section à la plus petite division perceptible d'une unité arbitraire que l'expérience détermine. Le $\frac{1}{4}$ de circonférence représente une différence de temps nulle ou un temps indéfini, puisque c'est le contraste maximum de deux directions simultanées : le $\frac{1}{3}$ de circonférence représente un temps aussi petit que l'on veut : la différence entre un temps aussi petit que l'on veut et un temps indéfini représente un temps infiniment petit ; elle se projette en $\frac{1}{12}$ de circonférence : mais la réalisation à la fois successive et simultanée de $\frac{1}{12}$ implique la réalisation de tous les autres douzièmes, moins un, pour le cas de la réalisation successive, puisque la représentation est irréversible. On a donc pour première forme $\frac{11 \times 12}{12} = \frac{132}{12}$ de l'unité de temps : mais $\frac{1}{12}$ représentant un temps infiniment petit doit être considéré comme l'unité ; on a donc 132 divisions pour maximum réalisable de l'unité de temps. Or, M. de Helmholtz a pu percevoir le nombre maximum de 132 battements par seconde. La seconde est donc une unité naturelle, évolutive comme toutes les unités de mesure.

La forme de nos représentations étant cyclique, chaque différentiation de ces représentations se représentant par une direction, le nombre maximum des dimensions astreintes à contraster au maximum est trois ; le nombre minimum est deux ; de là la *perspective* qui s'applique non seulement aux représentations de l'espace, mais aussi aux représentations du temps, le *présent* étant purement idéal. Mais il ressort du paragraphe précédent une différence entre la représentation d'espace et la représentation de temps : le temps apparait sous la forme de trois dimensions discontinues, l'espace apparait sous la forme de trois dimensions continues. Au point de vue de l'espace, plus il y a de continuité sur le cycle, plus il y a dynamogénie ; au point de vue du temps, la dynamogénie dépend de la possibilité de transformer en continuités le nombre des arrêts considérés. C'est l'origine de la fonction du *rythme*. On voit que la représentation élémentaire du temps est l'unité inverse ou -1, car la forme cyclique de toute représentation ou la nécessité de revenir au point de départ ne peut se réaliser pour la représentation du temps que par un rebroussement vers le point de départ.

9. Inégalités de contraste.

— Le schème de répartition de la force démontre que la force tend vers la gauche dans le type d'actions discontinues. A toute direction sollicitée dans un sens, correspond normalement dans le quadrant opposé une direction sollicitée dans le même sens. La direction complémentaire est donc normalement retardée dans ce type d'actions.

L'angle des complémentaires varie aussi suivant la situation des points d'arrêt. Deux points paraissent inégalement contraster suivant qu'ils sont situés sur une verticale, ou sur une oblique inclinée de droite à gauche, ou sur une oblique inclinée de gauche à droite, ou sur une horizontale. Soit le cercle *o* (fig. 8); considérons-le au point de vue dynamogène d'un seul côté, c'est-à-dire changeons le sens des flèches dans les quadrants supérieurs. Considérons les rayons *o b*, *o c*, *o a*, *o d″* : leurs complémentaires *o b′*, *o d*, *o a′*, *o c′*, tendent à monter, mais inégalement. En effet, en *b′* il y a contraste simultané des quatre directions haut et bas, droite et gauche : donc le rayon *o b′* paraîtra monter, d'autant plus qu'il va de bas en haut, en même temps que de droite à gauche : il n'y a plus de *b′* en *a′* que le contraste des directions en haut et en bas ; au point *a′*, qui n'est ni en haut ni en bas, il n'y a plus aucun contraste; mais de *a′* à *b*, il y a contraste des directions en haut et en bas et virtuellement de droite et de gauche, le rayon se dirigeant de gauche à droite; en conséquence le rayon *o c′* paraîtra monter, mais moins que le rayon *o b′* puisque un des deux contrastes de *o c′* n'est que virtuel ; puis viendra, soumis à un seul contraste, le rayon *o d*, qui paraîtra monter, mais plus que le rayon *o a′* étranger à tout contraste. Les angles des complémentaires décroîtront donc dans l'ordre suivant : *b o b′*, *d″ o c′*, *c o d*, *a o a′*.

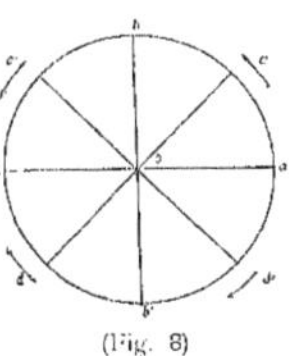

(Fig. 8)

Il était possible de déduire ces résultats de la dynamogénie des directions. Il y a contraste maximum entre les directions qui marquent d'une part le maximum de dynamogénie, d'autre part le maximum d'inhibition : donc les directions de bas en haut et les

1. *Optique physiologique*, page 292.

2. Est-il besoin de faire observer qu'un instant passé ne peut se confondre avec un instant futur dans notre représentation ?

directions de haut en bas, puis entre les directions qui marquent d'une part la dynamogénie, d'autre part l'inhibition dans l'ordre où chacune est distante de son maximum : donc les directions de gauche en haut, et de droite en bas, les directions de droite en haut et de gauche en bas, les directions de gauche à droite et de droite à gauche. Les directions en bas tendent vers le haut, les directions à gauche tendent vers la droite : de là des erreurs de mesure (§ 2, pages 6 et 7) ; or l'être vivant ne peut se représenter ces différences dans les directions rectilignes qu'en les projetant sur le cycle : donc les angles des complémentaires décroîtront dans l'ordre indiqué.

Considérons le même cycle *o* au point de vue de la réaction des deux côtés ; les angles des complémentaires varieront également suivant la situation des points d'arrêt, mais dans un ordre différent. L'angle *b o b'* sera toujours le plus grand, puisqu'il y a quadruple contraste, comme précédemment : de plus il y a toujours, comme je l'ai noté au commencement de ce § 9, contraste d'une des complémentaires avec son sens normal. Viendra ensuite l'angle *a o a'* présentant le contraste de droite et de gauche et, de chaque côté, le contraste virtuel entre le haut et le bas ; puis vient *d' o c'* qui tend du premier angle maximum au second angle maximum et par conséquent contraste le plus ; enfin *c o d* qui tend du second angle maximum au premier angle maximum, et, par conséquent, *contrastera* le plus. Il y a deux angles minima. Supposons que *o a'* se dirigeant en bas, *o a* reste dans la demi-circonférence inférieure ; *o a* et *o a'* se dirigent tous deux en bas et à gauche : il n'y a plus contraste. Supposons que *o a'* se dirigeant en haut, *o a* reste en haut ; il n'y a plus contraste. Dans ces deux cas, je considère d'abord *o a'*, c'est-à-dire la gauche, puis la droite ; si je considérais d'abord la droite, puis la gauche, il y aurait contraste de ces réalisations avec la direction actuelle : il y a donc quatre contrastes minima dans le type de réaction des deux côtés.

Puisque, dans le type des réactions discontinues des deux côtés, la complémentaire réelle diffère de la complémentaire idéale d'une certaine quantité, si le changement de direction est très petit, si, d'autre part, le contraste est inégal pour les deux directions et dans le même sens, c'est-à-dire si la première direction a sa complémentaire plus rapprochée que la seconde, il se peut évidemment, dans le contraste simultané, que chaque direction évoque, non pas la complémentaire de l'autre, mais sa propre complémentaire.

Dans un cycle fonction de droite ou de gauche il y a simultanément huit directions qui contrastent, soumises l'une par rapport à l'autre à la forme de perception $\left(\frac{3}{2}\right)^{2} = 2$; le maximum de contraste simultané, c'est-à-dire l'intervalle de deux en deux apparaît sous la forme $\left(\frac{3}{2}\right)^{2}$; la représentation de la complémentaire, les directions inverses étant continues, est donc $\left(\frac{3}{2}\right)^{4}$. Mais $\left(\frac{3}{2}\right)^{2}$ se projette sur le cycle continu entre $\left(\frac{3}{2}\right)^{-1} = 1{,}333$ et $\left(\frac{3}{2}\right)^{-3} = 1{,}186$; les valeurs des complémentaires dans un cycle fonction d'un seul côté oscilleront donc entre ces limites réduites nécessairement dans la même octave (§ 2).

Si je considère un cycle fonction discontinue des deux côtés et si dans l'hémicycle supérieur je réalise l'unité $\frac{3}{2}$ au maximum, je la réaliserai continûment 6 fois, puisqu'il y a au plus six contrastes minima successifs dans l'hypothèse de la simultanéité ; par suite de la continuité entre l'hémicycle supérieur et l'hémicycle inférieur, la complémentaire se représentera sous la forme $\left(\frac{3}{2}\right)^{12}$. Mais le maximum de contraste simultané d'un côté, qui apparaît sous le forme $\left(\frac{3}{2}\right)^{6}$, se projette sur le cycle continu entre $\left(\frac{3}{2}\right)^{-5} = 1{,}053$ et $\left(\frac{3}{2}\right)^{-7} = 1{,}872$; donc les valeurs des angles des complémentaires dans un cycle fonction des deux côtés oscilleront entre ces limites réduites nécessairement dans la même octave. Il est impossible de vérifier expérimentalement sur les lignes ces variations, nous les retrouverons dans les couleurs.

Les inégalités de contraste dans ces limites apparaîtront sous la forme des valeurs de contraste de plus en plus élevées à partir du minimum, réduites nécessairement dans la même octave par le plus court chemin, c'est-à-dire leur multiplication avec le dénominateur de la fraction immédiatement consécutive. Le minimum de contraste successif pour une fonction d'un seul côté est $\frac{1}{6}$; puis viennent : $\left(\frac{1}{4} = 0{,}25\right) \times 5 = 1{,}25$; $\left(\frac{1}{3} = 0{,}33\right) \times 4 = 1{,}32$: on aura donc pour l'expression du contraste des complémentaires dans le cas de l'inclinaison à gauche, 1,32 ; dans le cas de l'inclinaison à droite, 1,25.

Pour les fonctions de deux côtés le minimum réalisable est $\frac{1}{30}$: c'est donc le minimum de contraste : on aura ainsi, en éliminant les valeurs qui représentent des fractions périodiques et des fractions non rythmiques, irréalisables continûment, pour les valeurs de contraste ramenées dans la même octave :

$$\frac{1}{15} = 1{,}056 ; \quad \frac{1}{10} = 1{,}11 ; \quad \frac{1}{6} = 1{,}12 ; \quad \frac{1}{5} = 1{,}2 ; \quad \frac{1}{3} = 1{,}32 ; \quad \frac{1}{2} = 1{,}5.$$

Il est inutile d'inscrire les fractions à numérateurs multiples de l'unité, puisque ces fractions réalisées en même temps que la fraction primitive n'ajoutent rien au contraste. On aura donc pour l'expression du contraste des complémentaires, dans le cas de l'horizontale ; 1, 5 ; dans le cas de l'inclinaison à gauche, 1,32 ; dans le cas de l'inclinaison à droite : 1, 2 ; dans le cas d'un premier minimum : 1,12 ; dans le cas d'un second minimum : 1,11 ; dans le cas du troisième minimum : 1,056 ; le quatrième est donné par la limite $\left(\frac{3}{2}\right)^{-5} = 1{,}053$. La limite maxima $\left(\frac{3}{2}\right)^{-7} = 1{,}872$ exprime le contraste des complémentaires dans le cas de la verticale.

De même que nous avons vu le type des réactions virtuelles continues des deux côtés se ramener à $\frac{1}{2}$, le type des réactions réelles discontinues se ramener à $\frac{2}{3}$, le type des réactions réelles continues des deux côtés se ramener aux $\frac{5}{6}$ d'une fonction d'un seul côté, nous ne pouvons exprimer que par les divers degrés de continuité du cycle des cycles de rayons d'ordre différent : par $\frac{1}{6}$ un cycle de rayon virtuel, par $\frac{1}{3}$ un cycle de rayon infiniment petit, par $\frac{1}{2}$, $\frac{2}{3}$, $\frac{5}{6}$ des cycles de rayons définis plus ou moins contrastants, le premier réalisable par un seul côté, le second et le troisième par la coordination des deux côtés, par $\frac{6}{6}$ ou par la réalisation du point initial-final, un cycle de rayon absolument discontinu.

10. Illusions d'optique. — Appliquons les considérations précédentes à l'explication des phénomènes dits *illusions d'optique* : je ne dis pas le calcul, car la formule qui permettrait de déterminer les valeurs précises des déformations, liée à la théorie du parallélisme et à la loi des grands nombres, est certainement très complexe.

Suivant l'ordre dans la complexité des contrastes aux extrémités de chaque ligne, complexité qui se marque par des continuités de mouvements virtuels, la verticale paraîtra plus grande que l'oblique inclinée vers la gauche, celle-ci plus grande que l'oblique inclinée vers la droite, celle-ci plus grande que l'horizontale. Je mets sous les yeux du lecteur un carré, dont la hauteur est diminuée de $\frac{1}{40}$ et qui paraît carré à l'œil de M. de Helmholtz (fig. 9); le parallélogramme (fig. 10) incliné à gauche me paraît plus grand que le parallélogramme (fig. 11) incliné à droite : cette dernière illusion n'a jamais, à ma connaissance, été signalée.

L'illusion d'après laquelle le prolongement d'une ligne incidente au delà d'une verticale paraît être plus bas ou plus haut suivant que cette ligne incidente se dirige en haut ou en bas, s'explique par la tendance de toutes les directions dynamogènes vers le haut et de toutes les directions inhibitoires vers le bas.

L'illusion des bandes noires verticales parallèles de Zöllner paraissant convergentes ou divergentes, de manière à sembler toujours s'écarter de la direction verticale, suivant une direction inverse de celle des obliques qui les coupent, est soumise à la même loi.

D'après les expériences de Kundt, lorsque nous cherchons à partager en deux parties égales une ligne horizontale, nous tendons à faire trop grande la moitié droite en faisant usage de l'œil droit, trop grande la moitié gauche, en faisant usage de l'œil gauche. La moyenne des erreurs de 40 observations est de 0,^{mm}50 et de 0,^{mm}66 (1). C'est un phénomène de contraste successif; chacune des directions évoque sa complémentaire, et en paraît plus longue.

(Fig. 9)

On peut expliquer de même ce phénomène : lorsque, de deux lignes qui se coupent à angles droits, l'une est horizontale et l'autre verticale, l'œil droit de la plupart des individus considère comme obtus les angles situés à droite et en haut, à gauche et en bas, les deux autres paraissent aigus; l'œil gauche, au contraire, regarde comme aigus les angles qui paraissent obtus à l'œil droit, et inversement. Dans les deux cas, l'œil subit au sommet de la verticale le maximum de contraste, c'est-à-dire le contraste simultané des directions en haut et en bas, à droite et à gauche.

(Fig. 10)

On conçoit au contraire que les angles droits soient vus correctement par l'œil droit de Helmholtz, lorsque l'extrémité supérieure de l'un des côtés penche d'environ 18° à gauche de la verticale, c'est-à-dire de $\frac{1}{20}$ de circonférence; ils paraissent droits à son œil gauche pour la même inclinaison à droite : il n'y a plus pour cette inclinaison du rayon que le contraste des directions en haut et en bas, lequel tend à être nul (§ 9). D'ailleurs les erreurs d'estimation tendent à se neutraliser; le $\frac{1}{5}$ paraît plus petit qu'il n'est, le $\frac{1}{20}$ paraît plus grand (§ 4). On conçoit aussi que la différence présente son maximum, lorsque les côtés sont à 45° de cette dernière position (18° à droite ou à gauche de la verticale); alors les angles dirigés à droite et à gauche apparaissent comme des angles de 92°, ceux en haut et en bas paraissent mesurer 88° (2). Dans cette nouvelle position, le rayon supérieur est distant du rayon horizontal de 27°, c'est-à-dire de moins de $\frac{1}{12}$ ou de la discontinuité élémentaire successive, le rayon inférieur est distant de la même mesure du rayon vertical : le rayon supérieur tend à se confondre avec l'horizontale, le rayon inférieur avec la verticale, c'est-à-dire avec les lignes qui entre elles contrastent au maximum, le rayon supérieur passant d'un état de contraste relatif à un état de contraste nul, le rayon inférieur d'un état de contraste relatif à un état de contraste maximum.

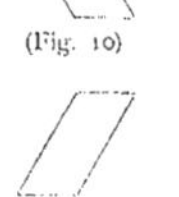

(Fig. 11)

Plus il y a d'arrêts dans la réalisation d'une direction, plus cette direction paraît persister, car l'arrêt implique la réalisation de la direction contraire. S'il y a une infinité d'arrêts, cette direction paraît infinie. Ainsi une ligne divisée paraît plus grande qu'une ligne non divisée, un angle divisé plus grand qu'un angle non divisé. Une petite ligne *b* (le lecteur le vérifiera facilement en faisant la figure) parallèle à une grande ligne *a* ou un segment de cette ligne *a* égal à *b* paraissent plus petits, et la ligne *a* ou l'autre segment paraissent plus grands proportionnellement, car il y a arrêt dans la grande ligne autant de fois que la petite ligne est contenue dans la grande. Les extrémités des lignes parallèles *ab*, *cd* (Fig. 12 et 13), paraissent légèrement converger en A, diverger en B, parce qu'en A les arrêts de direction se multiplient ; donc la perpendiculaire médiane A paraît plus grande que les perpendiculaires extrêmes *ac*, *bd*; en B, au contraire, les arrêts de direction sont hors de la perpendiculaire médiane B; elle paraît donc plus petite que les perpendiculaires *bd*, *ac* qui présentent des arrêts de direction.

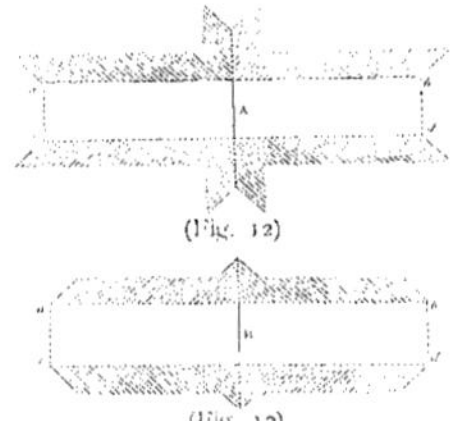

(Fig. 12)

(Fig. 13)

Il y a un grand nombre d'illusions d'optique particulières à tel ou tel sujet : l'étude attentive pour chaque sujet de ces phénomènes et de leurs variations suivant le temps offrira un diagnostic sûr de l'état des forces individuelles au point de vue du contraste. Par exemple, la préférence pour les figures descriptibles par un seul trait ou pour les figures descriptibles par 2, 3 ... *n* traits dosera le degré de discontinuité des actions du sujet. Je fonde sur ces principes une partie de mes échelles dynamométriques, dont l'application au diagnostic des affections mentales est évidente.

1. Helmholtz, *Optique physiologique*, page 733.

2. Helmholtz, *Optique physiologique*, page 700.

III.

LE RYTHME ET LA MESURE.

---

11. Le rythme. — Nous avons vu (§ 1) que toute variation du travail de l'être vivant se représente par un changement de direction, autrement dit, par une section de circonférence. — Quels sont les changements de direction dynamogènes ? C'est le problème du rythme. Quels sont dans une direction les nombres de points d'arrêt dynamogènes ? C'est le problème de la mesure. On sait que le problème de la division de la circonférence en m parties égales revient à la résolution algébrique de l'équation

$$z^m - 1 = 0, \quad (1)$$

car si l'on fait :

$$\frac{2\pi}{m} = a,$$

on obtiendra les m racines de l'équation précédente en donnant à k les m valeurs

$$0, \ 1, \ 2, \ 3 \ldots. \ (m-1)$$

dans la formule

$$z = \cos ka + \sqrt{-1} \sin ka.$$

Si m est un nombre impair $2\mu + 1$, il vient en divisant l'équation (1) par $z - 1$, en posant ensuite $z + \frac{1}{z} = x$:

$$x^\mu + x^{\mu-1} - (\mu-1)\,x^{\mu-2} - (\mu-2)\,x^{\mu-3} + \frac{(\mu-2)(\mu-3)}{1.\ 2.}\,x^{\mu-4} + \frac{(\mu-3)(\mu-4)}{1.\ 2.}\,x^{\mu-5} \ldots = 0. \quad (2)$$

C'est l'équation dont dépend la division du cercle en $2\mu + 1$ parties égales. Mais on sait que si m ou $2\mu + 1$ est un nombre composé, la résolution de l'équation (1) se ramène à la résolution d'autres équations de la même forme, et qui ont pour degrés respectifs les nombres premiers ou les puissances des nombres premiers qui divisent m : on peut dire la même chose de l'équation (2), et l'on peut se borner à considérer le cas où $m = 2\mu + 1$ est un nombre premier ou une puissance d'un nombre premier.

Lorsque m est premier, la division de la circonférence en m parties égales exige seulement la résolution de plusieurs équations qui ont respectivement pour degrés les facteurs premiers égaux ou inégaux dans lesquels se décompose le nombre $m - 1$.

Lorsque m est une puissance p^i d'un nombre premier p, la division de la circonférence en m parties égales exige d'abord la division en p parties égales, et en outre la résolution de $i - 1$ équations de degré p.

Lorsque $\mu = 2^m$, on peut diviser la circonférence en $2\mu + 1$ parties égales à l'aide de m racines carrées.

Tels sont les résultats des travaux de Gauss et de Lagrange.

Autrement dit, la résolution de l'équation $z^m = 1$ se réduit à la résolution d'équations du 2e degré, toutes les fois que m est de la forme 2^n, $2^n + 1$ premier ou le produit de 2^n par un ou plusieurs nombres de la forme $2^n + 1$ premier : par exemple, la division de la circonférence en 5 parties égales qui dépend de l'équation $z^5 - 1 = 0$ se ramène à la résolution de l'équation

$$x^2 + x - 1 = 0;$$

la division de la circonférence en 15 parties égales qui dépend de l'équation $z^{15} - 1 = 0$ revient à la résolution de l'équation

$$x^4 - x^3 - 4x^2 + 4x + 1 = 0$$

qui se ramène à la résolution des deux équations

$$x^2 - yx + (y-2) = 0, \qquad y^2 - y - 1 = 0;$$

la division de la circonférence en 17 parties égales qui dépend de la résolution de l'équation $z^{17} - 1 = 0$ revient à la résolution des 4 équations du 2e degré

$$y^2 + y - 4 = 0, \qquad u^2 - yu - 1 = 0, \qquad v^2 + (1 + y)\,v - 1 = 0, \qquad x^2 - ux + v = 0.$$

Pour toutes valeurs de m autres que les valeurs précitées la résolution algébrique de l'équation $z^m = 1$ se ramène à la résolution d'équations finalement réductibles seulement à des équations du 3e et du 4e degré; par exemple, la division de la circonférence en 7 parties égales conduit à l'équation

$$x^3 + x^2 - 2x - 1 = 0;$$

la division du cercle en 9 parties égales conduit à l'équation

$$x^3 - 3x + 1 = 0.$$

Mais on sait que les racines des équations du 2e degré peuvent toujours être construites par la règle et le compas, ou avec le compas seul, comme Mascheroni l'a établi dans sa *Géométrie du Compas* (¹), tandis que les racines des équations du 3ᵉ et du 4ᵉ degré sont toujours les ordonnées des intersections d'un cercle et d'une conique, soit une parabole.

L'être vivant ne pouvant décrire que des circonférences, sa mécanique ne dépasse pas la portée du compas : il est donc *empêché* de réaliser continûment les changements de direction déterminant sur la circonférence une section exprimée par des nombres qui ne sont pas de la forme 2^n, $2^n + 1$ premier ou 2^n multiplié par un ou plusieurs nombres premiers de la forme $2^n + 1$. Sont donc seuls rythmiques ou dynamogènes les changements de direction exprimés par ces nombres, — soit dans le premier million :

2, 3, 4, 5, 6, 8, 10, 12, 15, 16, 17, 20, 24, 30, 32, 34, 40, 48, 51, 60, 64, 68, 80, 85, 96, 102, 120, 128, 136, 160, 170, 192, 204, 240, 255, 256, 257, 272, 320, 340, 384, 408, 480, 510, 512, 514, 544, 640, 680, 768, 771, 816, 960, 1020, 1024, 1028, 1088, 1280, 1285, 1360, 1536, 1542, 1632, 1920, 2040, 2048, 2056, 2176, 2560, 2570, 2720, 3072, 3084, 3264, 3849, 3855, 4080, 4096, 4112, 4352, 4369, 5120, 5140, 5440, 6144, 6168, 6528, 7680, 7710, 8160, 8192, 8224, 8704, 8738, 10240, 10280, 10880, 12288, 12336, 13056, 13107, 15360, 15420, 16320, 16384, 16448, 17476, 17408, 20480, 20560, 21760, 21845, 24576, 24672, 26112, 26214, 30720, 30840, 32640, 32768, 32869, 34952, 34816, 40960, 41120, 43520, 43690, 49152, 49344, 52224, 52428, 61440, 61680, 65280, 65535, 65536, 65537, 65792, 69632, 69904, 81920, 82240, 87040, 87380, 98304, 98688, 104448, 104856, 122880, 123360, 130560, 131070, 131072, 131074, 131584, 139264, 139808, 163840, 164480, 174080, 174760, 196608, 196611, 197376, 208896, 209712, 245760, 246720, 261120, 262140, 262144, 262148, 263168, 278528, 279616, 327680, 327685, 328960, 348160, 349520, 393216, 393222, 394752, 417792, 419424, 491520, 493440, 522240, 524280, 524288, 524296, 526336, 557056, 559233, 655360, 655370, 657920, 699040, 786432, 786444, 789504, 796320, 835584, 838848, 983040, 983055, 986880, 1044480.

On trouvera la suite de ces nombres jusqu'à 8,589,934,590 calculée par M. Bronislas Zebrowski dans une table qui accompagne la *Notice* sur les principales applications de mon *Rapporteur esthétique*. Cet instrument, au lieu de donner les divisions conventionnelles de la circonférence en degrés, indique les sections naturelles, et avec le secours de la table, les sections rythmiques ou non rythmiques.

Pour la démonstration des vérités mathématiques rappelées dans les lignes précédentes, on peut recourir à l'*Algèbre supérieure* de M. Serret, tome II, 4ᵉ édition, pages 558 et suivantes. On trouvera dans les *Annales scientifiques de l'École normale supérieure*, tome IV, 1875, page 303, une démonstration élémentaire, par M. G. Mathet, de ce théorème que tout polygone régulier, dont le nombre des côtés est un nombre premier de la forme $2^n + 1$, peut être construit graphiquement. On lira aussi, concernant les équations

1. Par exemple, la construction la plus simple, celle de $\frac{1}{6}$ de circonférence, soit à partir du point B (fig. 14), conduit à la construction de $\frac{1}{3}$ soit B D. Si du point E et du point B on trace des circonférences de rayon BD, il y a intersection au point *a* ; si sur le cercle A, à partir de B, on trace un cercle de rayon A*a* on obtient l'arc BF = $\frac{1}{4}$ de circonférence.

Si on trace, à partir du point *a*, un cercle de rayon BA, il rencontrera le cercle A en G ; l'arc BG est le $\frac{1}{8}$ de la circonférence. — Si l'on trace à partir de F un cercle de rayon égal à AB, l'arc BN est le $\frac{1}{12}$ de la circonférence; si à partir de G, on trace de gauche à droite un cercle de rayon égal à AB, l'arc FL ou IF est le $\frac{1}{24}$ de la circonférence. Si à partir de B et à partir de E, on trace des cercles de rayon *a* N, les arcs se coupent au point *e* ; si à partir de *e*, on décrit une circonférence de rayon AB, il y a intersection aux points *μ* et *ν* ; l'arc *μ* N est le $\frac{1}{48}$ de la circonférence.

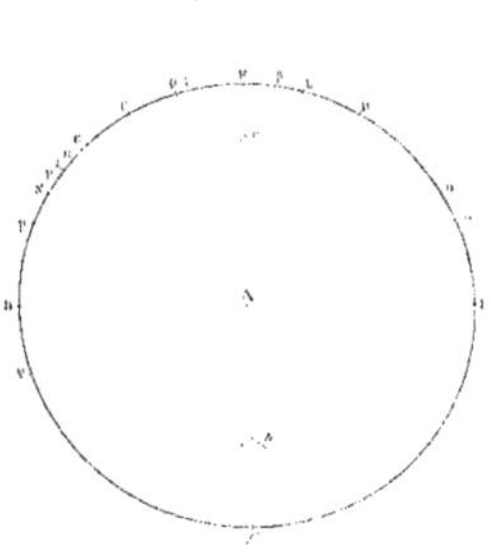

(Fig. 14)

Si l'on décrit des points N et O des cercles de rayon égal à *a* A, il y aura une intersection en *b* ; si l'on décrit du point B un cercle passant par *b*, il coupera la circonférence A en Q : BQ est le $\frac{1}{5}$ de la circonférence. — Si l'on décrit à partir de B une circonférence de rayon égal A *b*, elle coupera la circonférence A en P : l'arc BP est le $\frac{1}{10}$ de la circonférence ; l'arc BI étant égal à $\frac{5}{24}$ et BQ = $\frac{1}{5}$, QI = $\frac{5}{24} - \frac{1}{5} = \frac{1}{120}$. — Si à partir de *f* on trace un cercle de rayon égal à B *b*, il coupera la circonférence A en V : B V = $\frac{1}{4} - \frac{1}{5} = \frac{1}{20}$. — Si on divise l'arc NG en deux parties égales, en faisant les cordes *νβ*, *βϑ* égales au rayon *e ν*, les arcs P ϑ, ϑπ sont chacun le $\frac{1}{240}$ de la circonférence.

La division de la circonférence en dix-sept parties égales par le compas est beaucoup plus difficile : on trouvera la solution dans l'*Algèbre supérieure* de M. Serret, tome II, 4ᵉ édition, page 559.

M. Ernesto Pascal a donné (*Rendiconti della R. Accademia di scienze fisiche e matematiche di Napoli*, febbraio 1887) la construction du polygone régulier de 257 côtés.

En général, la réalisation de sections de la circonférence de plus en plus complexes n'exige qu'un nombre de plus en plus considérable de cercles de rayon variable. Un arc, pour être divisé en deux parties égales, exige, dans la construction suivante, 9 cercles ; soit (fig. 15) l'arc BC ; avec le rayon AB des centres B et C soient décrits AD, AE égaux à BC ; des centres D et E d'un rayon DC = BE soient décrits deux cercles qui se coupent en F ; avec le rayon AF des mêmes centres D et E soient décrits deux cercles qui se coupent en G ; BG = GC.

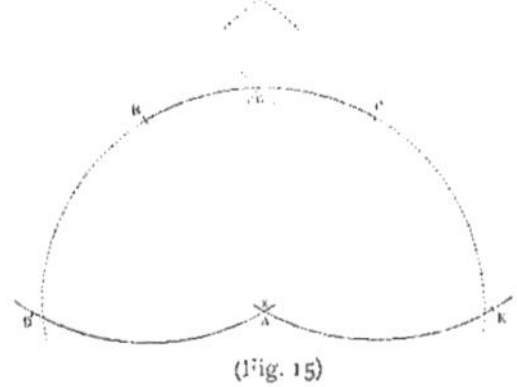

(Fig. 15)

binômes, d'intéressantes considérations dans des mémoires de M. Despeyrous sur la théorie des permutations (*Journal de Liouville*, 2ᵉ série, tome VI, 1861, page 417, et 2ᵉ série, tome X, 1865, pages 55 et 177). Mais il importe à l'unité de l'exposition de déduire directement des considérations de contraste la théorie du rythme.

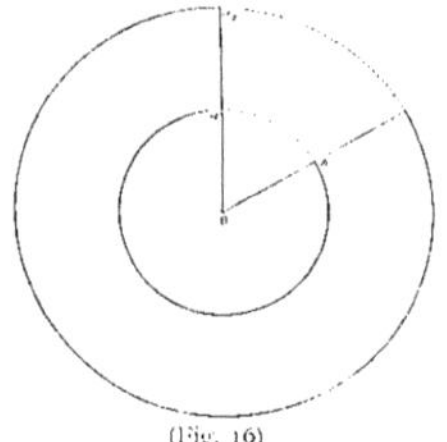

(Fig. 16)

Soit un centre, réagissant à la fois par un seul côté et par les deux côtés ; le maximum de contraste, pour la réaction continue d'un seul côté, aussi bien que pour la réaction continue des deux côtés a lieu à $-\frac{1}{6}$ de ce point de départ (§ 9 fin, p. 12). L'arrêt a donc lieu en ce point, soit b (fig. 16). Je réalise ab. Mais s'il est indifférent de décrire oa, ob et ba, il est indifférent également de décrire ao, bo, ab : or, ao étant le rayon d'un cercle minimum ou l'unité, ne peut être décrit en ce sens, c'est-à-dire tendre vers zéro, puisqu'il est l'unité par hypothèse. D'autre part, toute mesure consécutive à un arrêt est de sens contraire à la précédente par définition de l'arrêt ; donc à ab sera substitué a, a. Je reporte successivement à la suite de $a_1, a_2, \ldots a_m$ les rythmes correspondant à $a\ b_1, a_2\ b_2, \ldots a_n\ b_m$, c'est-à-dire que les dynamogénies croissent suivant les puissances successives du double de l'unité, le cas $2^0 = 1$ étant compris. Mais les puissances correspondent à des coordinations simultanées (§ 7) ; qui peuvent toujours se réaliser successivement : les sommes de puissances de 2 pour correspondre à ce mode d'action devront être mises sous la forme d'un nombre premier. Or, l'expression $2^{\nu} + 2^{\mu}$ n'est possible sous la forme d'un nombre premier que si ν ou $\mu = 0$, c'est-à-dire que la dynamogénie s'exercera successivement pour tous les nombres premiers de la forme $2^n + 1$. *c. q. f. d.*

On pouvait arriver directement au fait de la croissance de la dynamogénie suivant les puissances successives de 2, en observant que tout cycle continu impliquant une dualité (§ 2 page 7), sa continuité ne se peut marquer (§ 5, page 9) que par les puissances successives de 2.

12. Applications.

— De même que la théorie du contraste, la théorie du rythme permet de doser rigoureusement l'état des forces des sujets. Il est évident qu'un sujet préfère toujours les figures qu'il réalise virtuellement ou réellement ; fatigué, il préférera les directions symétriques (fig. 17), ou asymétriques avec prédominance à gauche (fig. 18) ; normal, il préférera les schèmes de direction asymétriques avec prédominance à droite comme dans la figure 19. Je me suis convaincu que ces préférences sont liées à l'état des forces des membres supérieurs droit et gauche pris au dynamomètre, et il est inutile de faire observer combien ce procédé d'enquête psychologique est supérieur à l'emploi de cet instrument grossier et très rapidement douloureux à manier, qui d'ailleurs ne satisfait personne. Fatigué, le sujet préférera les changements de direction inhibitoires exprimés, par exemple, par les nombres 7, 9, 11, 13 (fig. 20) ; normal, il préférera les rythmes exprimés, par exemple, par les nombres 6, 8, 10, 12 de la figure 21. Pour d'autres figures, en attendant mes échelles dynamométriques, on peut recourir à la Notice sur mon rapporteur.

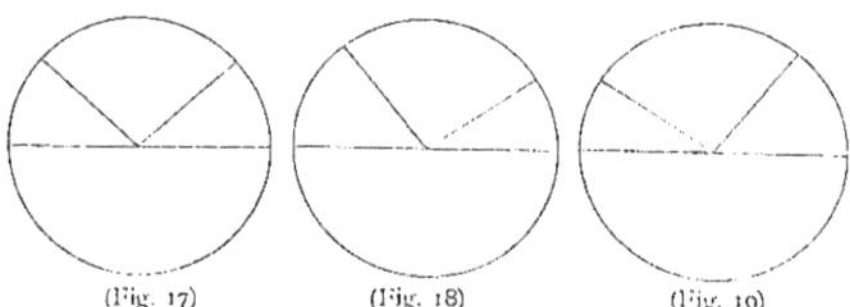

(Fig. 17) (Fig. 18) (Fig. 19)

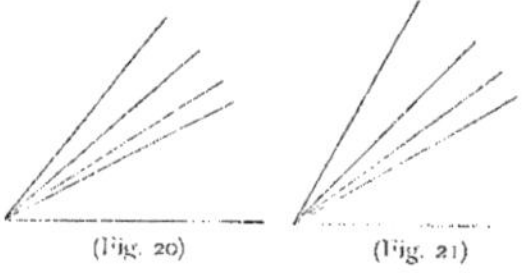

(Fig. 20) (Fig. 21)

13. Influence du rythme sur la vitesse de progression ; expériences de M. Marey.

— M. Marey a recherché l'influence que le rythme exerce sur la vitesse de la marche ou de la course (1). Il se sert d'un timbre électrique actionné par un pendule à longueur variable. Le marcheur règle son allure sur le rythme du timbre, et, comme on sait exactement le nombre des battements du pendule par minute, on en déduit le nombre des pas effectués dans le temps employé à faire un tour de piste, c'est-à-dire 500 mètres. On convient qu'à chaque sonnerie du timbre, le pied droit frappera sur le sol ; on aura donc fait en un tour de piste autant de doubles pas qu'il y a eu de coups de timbre. En commençant par un rythme lent, soit 40 coups à la minute, et en accélérant le rythme dans des expériences successives, on voit que le temps nécessaire à parcourir le même chemin change d'une expérience à l'autre, que la vitesse de la marche augmente avec l'accélération du rythme jusqu'à 85 pas à la minute (2) ; à partir de ce nombre l'accélération du nombre ralentit la marche. La longueur du pas s'accroît peu jusqu'au nombre 65, à partir duquel le pas s'allonge, jusqu'au nombre 75, pour décroître ensuite. Ces résultats ressortent clairement des courbes de la figure 22 ; les abscisses marquent le nombre de pas à la minute, les ordonnées, la vitesse de progression et la longueur des pas. Or, les points d'inflexion de la courbe de la vitesse de progression sont fonction des nombres rythmiques, c'est-à-dire qu'il y a accélération précisément aux points correspondants aux nombres rythmiques 48, 51, 60, 64, 68, 80, 85,

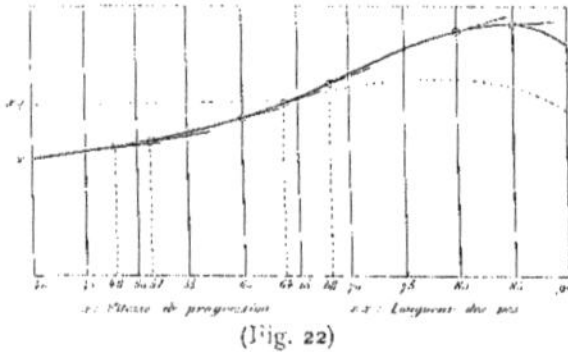

(Fig. 22)

1. *Comptes rendus de l'Académie des sciences de Paris*, tome XCIX, 1884, page 732.
2. Le Dʳ Féré a trouvé le nombre limite 80 pour les efforts successifs exercés sans fatigue, dans une minute, par les deux mêmes doigts sur le dynamomètre. (*Comptes rendus de la Société de Biologie*, 1885, page 499.)

comme il est évident par la figure. Il n'y a qu'une exception : la courbe subit une légère inflexion en un point correspondant au nombre 77. La courbe de l'accroissement de la longueur des pas est également fonction des nombres rythmiques, puisqu'elle change de direction vis-à-vis des nombres 60, 64, c'est-à-dire qu'il y a accélération en ces points, comme il est évident par la figure. Mais cette courbe est une fonction moins rapide et moins continue que la courbe de la vitesse de progression, parce que l'accroissement du pas est non seulement fonction de l'angle, mais croît avec l'extension des jambes, c'est un élément de fatigue dont il faut tenir compte : la dynamogénie se produit moins vite et l'inhibition survient plus rapidement.

L'allure de la courbe prouve que la vitesse de progression varie en fonction de la nature du rythme. Les angles des tangentes menées à la courbe par les points rythmiques 40, 48 ; 51, 60 ; 60, 64 représentent les accroissements les plus grands. Les angles des tangentes menées à la courbe par les points 48, 51 ; 64, 68 sont plus petits. Il est à noter que les deux accroissements les plus petits correspondent pour les seconds points à des multiples de 17 ($51 = 17 \times 3$, $68 = 17 \times 2^2$) ; le nombre 17 est le plus grand nombre premier rythmique compris dans les limites de l'expérience : il était aisé de prévoir cette inhibition relative d'après la complexité de ce rythme (page 15, note).

Quant à la limite comme rythme réalisable de 85 pas à la minute, il est facile de la déduire des faits établis. Il s'agissait dans ces expériences d'exécuter des pas (fonction successive des deux côtés) et à la fois de compter le temps : le maximum réalisable sera celui d'une fonction des deux côtés à un point de vue successif, c'est-à-dire 90 (§ 8 page 11). Ce nombre s'appliquera aux déterminations de l'espace, puisque l'espace apparaît sous la forme continue ; les déterminations du temps recevront la forme discontinue de ce maximum, c'est-à-dire 60. Mais 85 est le plus grand nombre rythmique inclus dans 90 : on a donc pour maximum dynamogène 85 déterminations d'espace pour 60 déterminations de temps, c'est-à-dire pour une minute, puisque l'unité est la seconde (§ 8, page 11).

On pouvait d'ailleurs déduire entièrement à priori la courbe de M. Marey et on peut la compléter pour les rythmes inférieurs à 40, en reliant les différents points d'intersection des perpendiculaires abaissées d'une part sur les unités successives de vitesse marquées par l'ordonnée, et d'autre part sur les rythmes successifs marqués par l'abscisse.

14. La mesure. — Le problème qui consiste à déterminer quels sont les nombres de points d'arrêt dynamogènes est intimement lié au précédent. On a vu que l'unité de mesure est déterminée par un arrêt ; comme l'être vivant est incapable de décrire une ligne droite, il considérera l'intervalle de deux arrêts comme une direction déterminant dans un sens ou dans l'autre sur la circonférence une section qui correspond au minimum du contraste simultané, c'est-à-dire $\frac{1}{2}$, ou au minimum du contraste successif, c'est-à-dire $\frac{1}{6}$: l'unité de mesure correspond donc à un cycle de diamètre égal à cette unité ou au double de cette unité ; n points d'arrêt correspondent à n cycles qui se résolvent finalement en n sections de grand cycle ; cette section devant être rythmique.

Si les arrêts sont inégalement distants, l'unité de mesure sera naturellement l'intervalle le plus petit ; l'unité absolue serait le minimum perceptible ; mais ce minimum étant variable, l'être vivant adoptera de préférence une unité relative fixe, chaque fois qu'il existera un plus petit diviseur commun. En général, il y aura mesure, si le résultat final provenant, suivant le sens, des sommes ou des différences des nombres est un nombre rythmique.

15. Rapports dynamogènes. — Les unités de mesure varient suivant que les grandeurs sont continues, comme des longueurs, des poids, discontinues comme des durées, absolument discontinues comme des températures qui, on le sait, ne sont que des points de repère. L'unité apparaissant sous la forme $\frac{3}{2}$, nous ramenons tout degré de perception de grandeur continue à la forme $\left(\frac{3}{2}\right)^n < 2$. Soit p le minimum perceptible qui est l'unité naturelle, $\frac{1}{p}$ la fraction différentielle ou la limite de la différence perceptible, nous avons pour le premier degré de perception la forme $\frac{p+1}{p} = \frac{p}{p} + \frac{1}{p}$, et pour les degrés successifs, $\frac{p+1}{p} + \frac{1}{p}\frac{(p+1)}{p} = \frac{(p+1)^2}{p^2}$, $\frac{(p+1)^2}{p^2} + \frac{1}{p}\frac{(p+1)^2}{p^2} = \frac{(p+1)^3}{p^3}$; en général $\frac{(p+1)^n}{p^n} = \frac{(p+1)^{n-1}}{p^{n-1}} + \frac{1}{p}\frac{(p+1)^{n-1}}{p^{n-1}}$ qui sera rapportée à la forme de perception $\left(\frac{3}{2}\right)^n < 2$. Seront dynamogènes dans ce cas les rapports exprimés par les exposants rythmiques de $\frac{3}{2}$. Pour les grandeurs discontinues comme le temps, seront dynamogènes les rapports exprimés par les multiples rythmiques de l'unité naturelle ou les numérateurs rythmiques des fractions naturelles de l'unité. On peut considérer les expériences de M. Marey comme la démonstration expérimentale de ce point de vue. Le zéro naturel de température serait le degré de froid capable de produire l'anesthésie ; mais ce zéro étant variable, l'être vivant adoptera une unité relative ; les degrés de continuité de sa représentation de l'unité de température (forme qui sera précisée § 58) doivent être rythmiques.

16. Proportions dynamogènes. — Une proportion est d'autant plus dynamogène que les algorithmes fondamentaux de sommation et de multiplication correspondant à la succession et à la simultanéité (§ 5) ou leurs inverses se trouvent impliqués dans ses termes ; or les deux proportions qui présentent ce caractère sont évidemment de la forme :

$$\frac{a}{b} = \frac{b}{a+b}$$

connue sous le nom de *section d'or* ;

$$\frac{a}{c} = \frac{a-b}{b-c}$$

dite *harmonique* par les Grecs.

(Fig. 23) (Fig. 24) (Fig. 25)

Les figures 23, 24 et 25 présentent rapprochées l'une de l'autre une section d'or, une proportion harmonique, une proportion ordinaire.

17. Expression de la discontinuité absolue ; perturbations de la loi de Fechner.— Nous avons étudié :

1° le *mode d'action continu*, caractérisé par l'élévation aux puissances, ou son inverse ; les formes de contraste, qui marquent le degré de continuité des opérations, jouent le rôle d'exposants.

2° le *mode d'action discontinu* qui devient continu à la condition que les intervalles soient rythmiques et les nombres d'arrêts mesurés ; ce mode d'action est caractérisé par les sommes ou leurs inverses.

Il nous reste à caractériser le mode d'action élémentaire absolument discontinu. Il est clair que, dans ce but, il suffit de prendre l'unité suivie d'une discontinuité irréalisable et d'élever cette somme à une puissance, dont l'exposant dépasse le maximum réalisable. Nous avons ainsi une impossibilité au double point de vue successif et simultané, c'est-à-dire absolue : ce qui est le desideratum. Nous sommes conduits à une expression de la forme

$$\left(1+\frac{1}{n}\right)^n = 2 + \frac{1}{2}\left(1-\frac{1}{n}\right) + \frac{1}{2.3}\left(1-\frac{1}{n}\right)\left(1-\frac{2}{n}\right) + \frac{1}{2.3.4}\left(1-\frac{1}{n}\right)\left(1-\frac{2}{n}\right)\left(1-\frac{3}{n}\right) + \text{etc.}$$

qui, pour n infini, se réduit à

$$2 + \frac{1}{2} + \frac{1}{2.3} + \frac{1}{2.3.4} + \dots$$

et n'est autre que le nombre

$$e = 2{,}718281828\dots$$

base des logarithmes naturels, autrement dit, le nombre dont le logarithme népérien est l'unité.

En prenant pour l'expression de la discontinuité absolue élémentaire, une succession infiniment petite continue, j'ai considéré d'abord le temps, puis l'espace ; en considérant d'abord l'espace, puis le temps, on arriverait au même résultat. En général, le logarithme d'une quantité est l'expression de la continuité de cette quantité en discontinuités absolues élémentaires.

Si nous appelons S l'intensité de la sensation correspondant à H l'intensité de l'excitation, et si pour l'intensité h, nous posons le degré de sensation égal à s, on a approximativement dans des limites assez étendues de l'expérience :

$$S - s = \log \frac{H}{h}. \quad \text{(I)}$$

C'est un résultat qu'il est facile de déduire. En effet, on ne peut estimer l'excitation en fonction de la sensation que par le degré de *continuité* de la sensation ; or la sensation élémentaire est un arrêt représenté par le nombre e : les logarithmes marquant les degrés de continuité d'une quantité en arrêts élémentaires, la sensation correspond au logarithme naturel de l'excitation. C'est la loi bien connue de Fechner, établie ici par une voie indépendante de l'expérience, voie qui a de plus cet avantage d'échapper à l'objection souvent opposée que l'équation (I) prétend relier des quantités hétérogènes. Dans la théorie des fonctions psychiques considérées comme des mouvements virtuels, cette équation relie des modes de mouvements virtuels différents, mais des quantités homogènes : ce qui n'était évidemment pas le caractère de la sensation et du mouvement au point de vue classique.

Cette loi n'est qu'une approximation assez grossière : il en est de même des formules plus ou moins complexes par lesquelles plusieurs savants éminents ont voulu la corriger. Puisque la sensation est un arrêt, son intensité sera augmentée par les variations d'excitations inhibitoires, diminuée par les variations d'excitation soumises au contraste ou au rythme : les hyperesthésiés sont notoirement des inhibés. Il y a aussi lieu de tenir compte de l'influence du temps sur la forme des réactions. Ces influences dont la formule exacte serait très complexe agissent sur la fraction différentielle qu'elles tendent à augmenter ou à diminuer suivant qu'elles sont dynamogènes ou non. Mais l'inconstance de cette fraction tient surtout à nos unités naturelles de mesure qui ne concordent pas avec les accroissements mathématiques abstraits de l'excitation ; en déduisant du contraste le développement de ces unités naturelles (§ 15), nous avons tourné la difficulté expérimentale et rendu possible la solution générale du problème des variations rythmiques de l'excitation.

En résumé, les fonctions psychiques étant considérées comme des mouvements virtuels, la perception comme une réalisation virtuelle de l'objet, les lois de la perception sont les formes imposées à nos représentations par les modes d'action de l'être vivant; les relations sous lesquelles sont considérés les phénomènes dépendent des modes dans lesquels ils sont réalisés virtuellement et des opérations mathématiques corrélatives à ces modes en fonction du temps. Leur action agréable ou désagréable n'est pas autre chose que la continuité ou la discontinuité avec laquelle ils peuvent être réalisés.

On peut considérer les pages précédentes comme l'étude des réactions les plus générales de l'être vivant, comme les principes de la mécanique du ***protoplasma***, si, avec la majorité des savants contemporains (1), on appelle ***protoplasma*** cet état d'extrême simplicité de la matière vivante dans lequel préexistent nécessairement toutes les dispositions nécessaires au développement morphologique et fonctionnel des deux règnes, état caractérisé par une motilité et une sensibilité élémentaires, puisque cette matière change de direction suivant qu'il y a ou non de la lumière et de l'oxygène. Cette mécanique est un problème qui ne pouvait être abordé par l'expérience, mais que l'on peut tenir pour résolu. En effet, prenons un phénomène comme l'orientation des mouvements simultanés que nous avons observé chez l'homme et qui, suivant une remarque de Gassendi, se retrouve dans la marche des quadrupèdes : ce phénomène préexiste nécessairement dans l'œuf; l'œuf fait partie à une période de son développement de l'organisme maternel; il n'est qu'une différentiation d'une matière plus simple, laquelle a passé nécessairement par un état primordial, lorsqu'elle s'est constituée sous l'influence de l'être vivant aux dépens des liquides nutritifs. Il y a ici une continuité indiscutable. D'ailleurs, les expériences de sections et de régénérations faites sur les planaires et autres animaux montrent que chaque tronçon, si petit qu'il soit, conserve l'orientation qu'il avait dans l'animal entier, — les pôles céphaliques et caudaux. M. Paul Hallez a cherché à déterminer exactement les relations qui existent entre l'axe organique de l'œuf, l'axe principal de l'embryon et celui de l'organisme maternel; il a observé spécialement la ***periplaneta orientalis*** et il a vu : « 1° que l'axe organique de l'œuf qui est aussi son axe de figure est le même que l'axe principal de l'embryon; 2° que l'axe organique de l'œuf présente la même orientation que la mère, puisque son pôle antérieur est celui qui correspond à la tête de l'embryon, tandis que son pôle opposé deviendra l'extrémité caudale de celui-ci (2) ». D'après des observations sur les insectes, le même naturaliste conclut : « la cellule-œuf possède la même orientation que l'organisme maternel

1. Voir les *Éléments de Physiologie générale*, de Preyer, Paris, 1884, traduction de Jules Soury, pages 148 et suivantes, et 190 et suivantes.

2. *Comptes rendus des séances de l'Académie des sciences*, tome CI, page 444, 10 août 1885.

qui l'a produite : elle a un pôle céphalique et un pôle caudal, un côté droit et un côté gauche, une face dorsale et une face ventrale ; ces différentes faces de la cellule-œuf coïncident aux faces correspondantes de l'embryon (1) ».

Dans les pages suivantes, j'appliquerai à la sensation visuelle et à la sensation auditive *élémentaires* la théorie générale, sans faire d'hypothèses nouvelles, ni sur les cônes et bâtonnets de la rétine, ni sur les cellules de l'organe de Corti (2). Ce genre de spéculations a manqué jusqu'ici de méthode ; il est évident que les éléments anatomiques se dynamogénient ou s'inhibent par leur forme et suivant le même mécanisme qu'une forme nous dynamogénie ou nous inhibe. L'organisation est la coordination de ces centres individuels et leur ramification à un centre supérieur : de sorte que cette coordination rend possibles pour l'être vivant des actions discontinues pour un seul centre et telles dans sa représentation unicentrale. En général, on ne pourra aborder, avec quelque succès, les problèmes de localisations fonctionnelles, qu'après des déterminations morphologiques précises des plus infimes éléments anatomiques. Je ne citerai que les faits essentiels ; mais il sera facile d'appliquer la méthode aux innombrables observations qu'on a recueillies dans ces dernières années sur la physiologie des sens et que les travaux de chaque jour viennent enrichir.

1. *Comptes rendus des séances de l'Académie des sciences*, tome CIII, page 606, 4 octobre 1886.

2. Voir Alessandro Tafani, *L'organo dell'udito : Nuove indagini anatomiche comparate* (*Archivio della scuola d'anatomia patologica diretto dal Prof. G. Pellizzari*, vol. III, Florence, 1885, in-4°).

IV.

LA SENSATION VISUELLE.

LES DIRECTIONS.

18. Hiérarchie des trois fonctions visuelles. — La sensation visuelle se projette dans l'espace ; la représentation de l'espace étant continue se projette sur un cycle orienté dans le haut de gauche à droite, mais la sensation est un arrêt. La sensation visuelle se projettera donc sur un cycle orienté de droite à gauche dans le haut ; elle est discontinue. (§ 2, p. 6 et § 8, p. 11.) Les fonctions visuelles se décomposent, suivant leur ordre de complexité, en sensation lumineuse, sensation de couleur, sensation de forme. Quelles directions assigner à ces fonctions ? Je rappelle brièvement les faits découverts par M. Charpentier.

Si on règle l'éclairement de 4 points distants de l'œil de 0m,20, soit de 4 petits trous de 2 dixièmes de millimètre de diamètre, formant les 4 coins d'un carré de 0m,001 de côté, de manière à augmenter graduellement leur intensité lumineuse à partir de 0, il arrive que pour un certain éclairement minimum on éprouve une sensation de lumière plus ou moins diffuse ; ce n'est qu'en augmentant beaucoup l'éclairement qu'on arrive à distinguer les 4 points ; si les points sont éclairés par une couleur simple saturée, la couleur est perçue avant que les points soient distingués, ou plutôt elle est perçue avec moins de lumière (1). La quantité de lumière nécessaire pour percevoir la couleur des points ne varie pas avec leur nombre. S'il se forme, par exemple, sur la *fovea centralis*, 4 points colorés au lieu d'un seul de même diamètre, il faudra autant de lumière dans les deux cas pour permettre la distinction de leur couleur, mais il suffira d'une clarté 4 fois plus faible pour produire une sensation lumineuse incolore (2).

De ces faits il résulte que la sensation lumineuse, la sensation de couleur, la sensation de forme correspondent à des travaux de plus en plus complexes, par conséquent à des états de plus en plus dynamogènes, par là même tendant de plus en plus vers l'inhibition, qu'on peut représenter (§ 1, p. 4) par des changements de direction continus de gauche à droite avec les trois contrastantes successives A, B, C (fig. 26), la sensation de lumière étant fonction de gauche, la sensation de forme, fonction de droite, la sensation de couleur, fonction de droite et de gauche, fonction de gauche quand elle est lumineuse (couleurs-lumières), fonction de droite quand elle est obscure (couleurs-pigments).

(Fig. 26)

Ces projections sont mentales : quoique l'œil gauche ne soit probablement pas plus sensible à la lumière, si j'interpose successivement entre chacun de mes yeux et une source lumineuse le même verre foncé, en me mettant à l'abri du contraste, l'objet paraît toujours très légèrement plus lumineux à mon œil gauche. Plusieurs observateurs, ont, sur ma prière, vérifié le fait, dans toutes les conditions d'orientation.

Puisqu'elle se projette sur le premier tiers du cycle, la sensation lumineuse correspond au maximum du travail élémentaire, c'est-à-dire à un cycle de rayon virtuel infiniment petit (§ 9, fin) ; plus il y aura de travaux élémentaires à réaliser, plus elle s'exercera ; la réalisation d'un point étant évidemment un travail élémentaire, il faudra n fois moins de lumière pour avoir une sensation purement lumineuse de n points que pour avoir une sensation purement lumineuse d'un point.

Il faut à tous les points de la rétine sauf le centre, la *fovea centralis*, le même minimum de lumière blanche pour la production d'une sensation lumineuse ; si on a constaté des différences de sensibilité, cela tient à ce que dans la pratique nous excitons inégalement les diverses parties de la rétine : les plus éclairées sont les moins sensibles (3). Au contraire, une couleur, pour être distinguée, a besoin d'une intensité moins considérable au centre qu'au reste de la rétine ; plus on s'éloigne du point de fixation, plus la couleur doit être intense ; mais avant que chaque couleur soit reconnue avec son ton véritable, elle paraît toujours passer par une série de phases, dont la première se traduit par une sensation purement lumineuse : on hésite sur la qualité de la couleur présentée jusqu'à ce que l'intensité ait atteint une certaine valeur (4). En effet, puisque la sensation de couleur se projette de $\frac{1}{3}$ à $\frac{1}{2}$ du cycle, cette sensation correspond à un cycle de rayon virtuel défini qui pour apparaître est nécessairement précédé d'un cycle de rayon virtuel infiniment petit, c'est-à-dire d'une sensation purement lumineuse. Les portions périphériques de la rétine se projetant en des grands cycles, de même que la sensation d'obscurité, ont besoin pour la perception d'une plus grande quantité de lumière.

1. *Comptes rendus des séances de l'Académie des sciences*, tome XCI, 1880, page 1077.
2. *Comptes rendus des séances de l'Académie des sciences*, tome XCVI, 1883, page 858.
3. Batz, *Thèse de Dorpat*, 1883. — Delbœuf, *Revue scientifique*, août 1883. — Charpentier, *Société de Biologie*, 30 mai 1885.
4. Landolt, *Société de Biologie*, 1877, page 202. — Charpentier, *Comptes rendus des séances de l'Académie des sciences*, tome LXXXVI, 1878, page 496.

Chacun sait que l'œil reposé dans l'obscurité jouit d'une sensibilité lumineuse très supérieure à celle de l'œil en activité; cette supériorité est facile à constater, quand on se sert de différentes lumières monochromatiques. Or, si, dans ces deux conditions d'activité et de repos, on détermine quel minimum de chaque couleur il faut présenter à l'œil pour lui faire distinguer le ton de la couleur employée, on trouve le même minimum dans l'un et l'autre cas : la sensibilité chromatique n'est donc pas modifiée par le repos ou l'exercice de l'appareil visuel ([1]).

L'œil est capable de percevoir une lumière bien plus faible que le minimum pour lequel s'est produite d'abord la sensation lumineuse; si en effet on affaiblit lentement la lumière, cette lumière est encore perçue lorsqu'elle est réduite au tiers ou au quart de l'intensité minimum pour laquelle la sensation lumineuse s'était produite; elle est encore perçue, si l'œil a séjourné pendant cinq minutes ou davantage dans l'obscurité, lorsque la lumière est devenue 50 ou 100 fois plus faible que la lumière minimum capable de faire naître la sensation initiale; la sensation de couleur qui se produit sous l'influence d'une excitation chromatique un peu intense, exige pour son fonctionnement la perte d'une certaine quantité de lumière; mais si l'on étudie cette inertie de l'appareil de la sensibilité chromatique dans un œil d'abord à l'état ordinaire, puis après le séjour de cet œil dans l'obscurité, on ne constate plus de différence appréciable : le contraire a lieu pour la sensibilité lumineuse ([2]).

Ces faits remarquables se déduisent immédiatement de ce principe que la sensation de couleur est fonction de droite et de gauche. Une telle fonction est évidemment indépendante de l'exercice ou du repos de l'appareil visuel : ces deux états ne peuvent se représenter que par la direction de gauche à droite ou par la direction de droite à gauche, directions dont une fonction *à la fois* de droite et de gauche est également capable.

Puisqu'une couleur quelconque commence par agir sur la sensibilité lumineuse en produisant une sensation de lumière incolore, on n'a qu'à déterminer pour chaque lumière employée quelle est la quantité minimum capable de reproduire cette sensation primitive et l'on possédera ainsi un élément de comparaison. Or, si l'on compare le pouvoir distinctif de l'œil, d'abord quand la couleur est pure et saturée, puis quand on la mélange à des quantités croissantes de lumière blanche, la sensibilité chromatique reste constante dans ces différentes conditions, pourvu que la lumière blanche surajoutée ne dépasse pas un certain maximum déterminé qui pour le bleu représente une lumière blanche double ou triple, pour le rouge une lumière blanche douze fois plus intense ([3]).

Le cercle chromatique va expliquer ces différences de proportion de la lumière surajoutée : le bleu se projetant dans le même sens que la lumière, et le rouge se projetant en sens contraire, il faudra, pour que le cycle de rayon défini correspondant à la sensation de couleur devienne un cycle de rayon infiniment petit, un nombre minimum d'unités de contraste pour le bleu, un nombre maximum pour le rouge.

19. Construction du cercle chromatique rationnel; les couleurs fondamentales. — Assigner aux couleurs les directions qui leur conviennent, c'est le problème non résolu d'un cercle chromatique rationnel; cette question revient au problème de fixer le degré de dynamogénie de chaque couleur, puisque les degrés de la dynamogénie se représentent par des directions. Or, suivant que le cycle est tracé par la coordination discontinue des deux côtés ou par un seul côté, il y a quatre directions primaires : de bas en haut, de gauche à droite, de haut en bas, de droite à gauche, distantes d'un quart de circonférence, ou trois directions primaires : en haut, à gauche, à droite, distantes d'un tiers de circonférence (§§ 3 et 6), celles-ci pouvant se réduire à deux directions complémentaires.

On sait que la somme des couleurs-lumières donne du blanc; la somme des couleurs-pigments tend vers le noir : la lumière étant dynamogène, puisqu'elle représente l'excitant élémentaire de la fonction visuelle qui se projette sur le premier tiers du cycle de gauche à droite ([4]), la sensation de lumière correspond à la description d'un cycle virtuel de rayon infiniment petit, donc descriptif par un seul côté, tandis que la sensation d'obscurité étant inhibitoire puisqu'elle se projette de droite à gauche à partir des $\frac{2}{3}$ du cycle, correspond à la description d'un grand cycle impossible à décrire continûment dans ces conditions et nécessitant la coordination discontinue des deux côtés (§ 9, fin). Mais on a vu (§ 2, page 7) que la continuité élémentaire est représentée par le double de la direction; donc sur chaque direction, à partir du centre, chaque couleur tend vers la saturation, également éloignée du blanc et du noir ([5]), après quoi il y a dégradation continue vers le noir, c'est-à-dire qu'on doit ajouter des quantités d'autant plus faibles de noir que le degré de clarté de chaque couleur est plus fort : on a ainsi une troisième caractéristique de la couleur : la *clarté* ou l'intensité lumineuse, les deux premières étant le *ton* et le degré de *saturation*; le noir intense est situé à l'extrémité de la direction correspondant à la couleur la plus obscure, comme il sera précisé plus loin.

Les couleurs-pigments tendant vers le noir, c'est-à-dire correspondant à la construction d'un cycle descriptible par la coordination discontinue des deux côtés, les couleurs-pigments primaires doivent être réparties sur les 4 directions primaires d'un tel cycle. Il y a quatre couleurs-pigments primaires, c'est-à-dire que le rouge, le jaune, les bleus violâtre et verdâtre donnent par leurs mélanges toutes les apparences colorées. Quelle est l'intensité de la sensation correspondant à chacune de ces couleurs? M. Charpentier a pris comme unité d'intensité lumineuse de chaque couleur l'intensité nécessaire et suffisante pour produire une sensation lumineuse, en d'autres termes, le minimum perceptible déterminé après 20 minutes de séjour dans l'obscurité; or en comparant le rouge, le vert, le jaune, le bleu, deux à deux, sous la même intensité lumineuse, on constate que la même perception des différences de clarté est plus facile pour le rouge que pour le jaune, pour le jaune que pour le vert, pour le vert que pour le bleu : autrement dit, la fraction différentielle augmente avec la réfrangibilité des couleurs. Prenant chaque couleur une à une, déterminant la valeur de la sensibilité différentielle pour différents

1. *Comptes rendus des séances de l'Académie des sciences*, tome LXXXVI, 1878, pages 1272-1273.

2. *Comptes rendus des séances de l'Académie des sciences*, tome LXXXVIII, 1879, page 190.

3. *Comptes rendus des séances de l'Académie des sciences*, tome LXXXVIII, 1879, page 300-301.

4. M. Brown-Séquard a démontré (*Journal de Physiologie*, tome II, 1859, page 460) que la lumière est capable d'agir comme un excitant énergique de l'iris et de produire directement le resserrement de la pupille : elle agit surtout par ses rayons éclairants et spécialement les jaunes. D'autre part, Brücke a constaté, par des expériences sur des yeux de bœuf, de lapin et de brochet, que les rayons qui composent la partie obscure du spectre au voisinage du violet sont absorbés par la cornée transparente et surtout par le cristallin et que, par conséquent, ils ne peuvent pas impressionner sensiblement la rétine. (*Archives d'Anatomie générale et de Physiologie*, 1846, page 190.)

5. C'est encore la conséquence immédiate de ce fait que la ligne de séparation des lumières et des pigments O *b* (fig. 26) est la bissectrice de l'angle de projection des couleurs C O A.

degrés d'intensité lumineuse de cette couleur, dressant la courbe des résultats obtenus, et comparant entre elles les courbes fournies par les diverses couleurs et par la lumière Carcel pure, on retrouve la loi précédente ; sachant pour une intensité quelconque de la lumière excitatrice quelle nouvelle quantité de lumière il faut ajouter pour produire un nouveau degré de la sensation, on peut déterminer les degrés successifs de la sensation correspondant aux augmentations identiques de l'excitation pour chaque couleur. Or le rouge paraît plus intense que le jaune, celui-ci que le vert, le vert que le bleu (1): la différence apparente entre deux couleurs quelconques est d'autant plus forte que l'intensité de la lumière excitatrice devient plus considérable : il faudra par exemple une quantité de bleu 100 fois égale à l'intensité absolue du minimum perceptible de lumière bleue pour produire une sensation de même intensité qu'avec une lumière jaune égale à 27 fois l'intensité absolue qui correspond au minimum perceptible de lumière jaune (2). Le rouge étant le plus dynamogène puisqu'il suscite les arrêts de mouvement les plus intenses, nous lui assignerons la direction de bas en haut, le jaune moins dynamogène recevra la direction de gauche à droite, le bleu relativement inhibitoire, recevra les directions de haut en bas et de droite à gauche, verdâtre dans le premier cas, violâtre dans le second (3). Toujours d'après le principe que l'élément de la continuité et de la discontinuité est le double de la direction, on placera à égale distance de chacune de ces directions primaires (fig. 27), les couleurs secondaires : l'orangé en *oj*, le vert en *oi*, le violet en *og*, le bleu franc en *oh*, ces couleurs se dégradant de l'une à l'autre continûment ; il y a ainsi 8 tons pigmentaires principaux.

D'ailleurs, on peut déduire la corrélation de la dynamogénie des couleurs avec leur longueur d'onde des conditions de dynamogénie spéciales à la fonction visuelle. La réalisation virtuelle de longueurs d'onde de plus en plus grandes dans les limites réalisables est le fait même de la dynamogénie dans l'espace. De telles longueurs d'onde étant réalisées comme des demi-cycles continus de rayon de plus en plus grand, alternativement supérieurs et inférieurs, avec translation virtuelle du centre dans le sens du mouvement se réduisent à chaque instant à des cycles tracés par la coordination continue des deux côtés ; en effet deux directions contraires simultanées étant impossibles à réaliser et se réduisant toujours à deux directions successives, le dernier rayon du demi-cycle supérieur contraire au premier rayon du demi-cycle inférieur ne peut être réalisé tel qu'à la condition de devenir son complémentaire, c'est-à-dire que les diamètres des deux demi-cycles doivent se confondre. Or la fonction visuelle se projette évidemment dans l'espace puisque pour s'exercer complètement elle doit être *à la fois* lumineuse, colorée, schématique, c'est-à-dire présenter trois dimensions simultanées (§ 18) ; donc la dynamogénie pour la sensation de couleur est corrélative de ses longueurs d'onde, sans lui être évidemment proportionnelle.

On distingue 3 couleurs-lumières fondamentales. M. de Helmholtz admet : le violet, le vert, le rouge. Maxwell propose le rouge, le vert, le bleu (4) : le 3e rouge du cercle chromatique de Chevreul correspondant, dans le spectre solaire, à $\frac{1}{3}$ de C vers D ; un vert correspondant à $\frac{1}{4}$ de E vers F ; le 5e bleu de Chevreul correspondant à $\frac{1}{2}$ de F vers G. M. Rosenstiehl choisit (5) : un orangé aux $\frac{3}{4}$ de C vers D ; le 3e jaune vert de Chevreul aux $\frac{3}{4}$ de D vers E ; le 3e bleu de Chevreul au $\frac{1}{3}$ de F vers G.

Ces divergences, qui s'accroissent en raison du nombre des autorités citées, sont la conséquence des déterminantes physiologiques de chaque observateur. Si on assigne aux trois couleurs-lumières fondamentales les trois directions primaires continues *oa*, *ob*, *oc* (fig. 27), ces divergences seront résolues aussi rationnellement que possible, en adoptant les concordances établies entre le spectre et les huit directions de contraste du cercle chromatique (§ 8) ; je trouve ainsi, pour les trois couleurs-lumières fondamentales, en prenant la couleur des trois points A, B, C, situés à la moitié du rayon, c'est-à-dire également distants du blanc et du noir ou points de saturation maximum, des valeurs qui sont : le rouge C, le jaune vert $\frac{10}{21}$ de D vers E, le bleu $\frac{2}{17}$ de F vers G. Ces valeurs seront précisées § 39 par une voie différente.

De même qu'il y a huit tons pigmentaires principaux, il y a six couleurs-lumières principales : le rouge, l'orangé, le jaune, le vert, le bleu, le violet. Loin de s'exclure, comme le pensent des peintres (6) et des physiciens, les deux classifications de couleurs-pigments et de couleurs-lumières se complètent et répondent aux deux points de vue de la réaction par un seul côté et de la réaction par les deux côtés. Le cercle chromatique est théoriquement construit : la réalisation rationnelle, sinon pratique, serait un gâteau de résine d'un rayon aussi grand que possible, sur lequel on projetterait les proportions pondérables de poudres colorées exigées par la dégradation des lumières et des teintes, assurant dans les limites perceptibles (§ 15 et 17) la continuité de la sensation en surfaces et en poids.

(Fig. 27)

20. Association de la couleur et de la direction : expériences et observations. — L'expérience prouve qu'il y a une association entre la couleur et la direction. D'après Buccola (7), le temps moyen de la réaction avec discernement entre deux couleurs est $0^s,228$; le temps de la réaction simple est $0^s,176$, d'où la durée de l'acte de discernement est $0^s,052$. Si on invite le sujet à faire un signe avec la main quand il aura distingué le vert, et à rester immobile si on lui montre le bleu, le temps de la réaction avec discernement et choix entre le signe et le repos est $0^s,294$, de sorte que le temps de choix entre le repos et le mouvement

1. On sait que les longueurs d'onde correspondant aux diverses raies du spectre sont en fractions de millièmes de millimètre :

Rouge $0^{\mu},650$. Jaune $0^{\mu},580$. Vert $0^{\mu},532$. Bleu $0^{\mu},460$.

Ces couleurs étaient obtenues par l'interposition de verres colorés ; les longueurs d'onde moyenne étaient en millionièmes de millimètre (*Comptes rendus des séances de l'Académie des sciences*, 1883, tome XCVII, page 1431) :

A extrême-rouge	761.	E jaune verdâtre	527.
B rouge	687.	F commencement du bleu	486.
C orangé	656.	G bleu violâtre	430.
D jaune	589.	H violet extrême	395.

2. Charpentier, *Comptes rendus des séances de l'Académie des sciences*, tome C, 1885, page 1250. L'auteur ajoute que le blanc est intermédiaire au vert et au jaune.

3. On sait, et on le voit par le schème coloré qui accompagne ce texte, que le violet produit avec du bleu pur et du rouge n'est jamais pur.

4. *Proceedings of the royal Society of London*, tome X, 1860, page 404. — *Transactions of the royal Society of Edinburgh*, tome XXI, pages 275-298.

5. *Journal de Physique*, tome VII, page 16. — *Comptes rendus des séances de l'Académie des sciences*, tome XCII, 1881, pages 245, 357 et 1286.

6. Bracquemond, *Du dessin et de la couleur*, page 245.

7. *La legge del tempo nei fenomeni del pensiero*, pages 275 et suivantes.

est 0s,066. Mais si l'on enjoint au sujet de choisir entre le mouvement avec la main droite ou avec la main gauche suivant l'apparition de la couleur, le temps est remarquablement long et offre de grandes oscillations. Buccola ne donne que la moyenne : le temps de choix entre les deux mouvements est 0s,175, de sorte que la différence entre le temps de choix simple et le temps de choix compliqué est 0s,109. Il eût été intéressant d'indiquer pour quelles couleurs le temps de choix entre les mains est le plus petit : c'est pour le bleu et le violet que théoriquement le temps de choix pour la main gauche doit être le plus petit chez les êtres normaux (1). Je citerai page 27, § 29 d'autres phénomènes encore plus explicites d'association entre la couleur et la direction.

21. Principes d'une polychromie rationnelle. — Le cercle chromatique justifie la polychromie, longtemps décriée, et fournit le principe d'une polychromie rationnelle qui fut appliquée d'ailleurs instinctivement à diverses époques. Au temps de Pisistrate (2), les colonnes paraissent avoir été peintes en jaune pâle ; l'architrave, à Égine, était peinte en rouge. Les Japonais sur leurs crépons font souvent un choix des tons conforme aux directions. Il est évident que la bordure n'a pas seulement pour fonction d'éviter les effets du contraste simultané, mais qu'elle doit encore éviter les contradictions fatales entre le sens propre de la couleur et le sens variable sous lequel on peut la considérer : de là l'utilité des bordures foncées qui se projettent en un point quelconque de la périphérie du cercle chromatique.

Il n'y a pas d'ailleurs pour une direction définie une seule couleur convenable, il y a toutes les couleurs rythmiques avec elle (ce qui permet la création d'un art industriel nouveau) et toutes les couleurs complémentaires (ce qui promet des maxima d'intensité d'excitation). Il est clair qu'en attribuant à chaque direction une couleur distante sur le cercle chromatique d'un intervalle rythmique variable, on obtiendra simultanément aux rythmes linéaires des mélodies virtuelles et conséquemment des harmonies d'une puissance d'expression toute musicale.

22. Cercle de la continuité du blanc. — Chaque direction partant du centre ou chaque couleur passant du blanc à des degrés divers de saturation, il y a au centre du cercle chromatique un petit cercle correspondant à la perception continue du blanc. Cette déduction est confirmée par les expériences de M. Charpentier (3). Ce savant découpe plusieurs diaphragmes susceptibles d'être placés sur l'écran antérieur d'un appareil graduateur et capables de dessiner des surfaces éclairées de forme carrée et de côtés très variables, depuis 0mm, 7 jusqu'à 12mm : dans les conditions de l'expérience, cela correspond à des images rétiniennes ayant depuis 0mm, 061 jusqu'à 1mm, 056 de diamètre. Or tant que le diamètre de l'objet a été supérieur à 2mm (image rétinienne de 0mm, 176), il faut pour provoquer une sensation lumineuse le même éclairement dans tous les cas, c'est-à-dire pour sept surfaces différentes considérées. Mais au-dessous de cette étendue, il a été constamment trouvé pour six surfaces différentes que l'éclairement nécessaire doit être d'autant plus fort que la surface lumineuse est moindre. Il doit donc exister dans ces cas un territoire particulier de la rétine, territoire auquel il faut pour être mis en activité une quantité de lumière déterminée, indépendante de l'étendue suivant laquelle elle se dissémine, dont la fonction rappelle l'induction lumineuse étudiée par Plateau et par Hering. Ce territoire correspond par sa position et ses dimensions (0mm, 17 à 0mm, 18) au lieu de la vision directe, la *fovea centralis;* mais il n'est pas unique : on le retrouve sur tous les points de la rétine, embrassant environ 2000 cônes ou bâtonnets. Cette fonction n'a évidemment aucune influence sur la perception des différences de clarté, des différences chromatiques ou sur la distinction des points lumineux multiples, puisque c'est une fonction liée aux centres de ces mouvements virtuels. M. Charpentier l'a depuis vérifié expérimentalement (4). L'éclairement, au-dessous d'une certaine limite, doit être d'autant plus fort que la surface lumineuse est moindre, car une surface lumineuse très petite se projette, comme une luminosité trop faible, en un cycle de rayon infiniment petit tendant à être virtuel. (§§ 9, fin et 18.)

23. Théorie de l'irradiation. — Le noir que nous percevons n'est que relatif ; le noir qui est à la périphérie du cercle chromatique est une série de noirs relatifs; c'est donc à la description d'un grand cercle discontinu qui tend à redevenir continu (direction centripète) que correspond la perception de noir. Les surfaces obscures seront en conséquence toujours réalisées plus petites que les surfaces lumineuses égales; elles paraîtront donc trop petites par rapport à celles-ci, réalisées toujours dans la direction centrifuge. C'est le mécanisme de l'irradiation qui nous fait paraître les surfaces lumineuses plus grandes, qui confond les surfaces lumineuses très voisines, échancre les lignes vues sur fond lumineux, etc.... Il serait très important, notamment, dans la marine, d'éviter ces phénomènes : on sait que deux feux de faible intensité se confondent, s'ils sont à une distance de 8' : ils se confondent pour un angle de 15', s'il s'agit de phares des trois premiers ordres (5). On peut amoindrir ces phénomènes, en provoquant à droite et à gauche des réactions centripètes, par l'application de verres colorés, par exemple, sur l'œil droit en rouge, sur l'œil gauche en vert. L'expérience justifie cette déduction du cercle chromatique.

L'œil distingue l'une de l'autre deux surfaces éclairées contiguës, pourvu que leur éclairement diffère au moins d'un centième : M. Charpentier a montré que cette valeur s'accroît dans de très larges proportions quand les deux surfaces sont suffisamment petites, ou, ce qui revient au même, quand on les regarde d'assez loin. C'est toujours une conséquence de la corrélation de la sensation lumineuse avec le tracé d'un petit cycle continu : ce qui entraîne de la dynamogénie et simultanément de l'inhibition ou de l'hyperesthésie, lorsqu'il y a tracé de grands cycles discontinus.

1. « Mettez une feuille de papier fin, de couleur bleu-moyenne, devant un sensitif et dites-lui de la regarder alternativement, tantôt avec l'œil gauche, tantôt avec l'œil droit, en se couvrant chaque fois l'autre œil. Il trouvera le regard avec l'œil gauche agréable et celui avec l'œil droit désagréable. » *Lettres odiques-magnétiques du chevalier de Reichenbach*, 1853, page 80. Je cite ce passage comme un exemple du danger qu'il y a de conclure d'après l'appréciation de sujets, comme les sensitifs, dont l'état n'a pas été d'abord théoriquement précisé. Leur préférence pour les représentations de situations conformes au sens de projection virtuelle de l'excitant, représentations nécessairement inhibitoires, puisqu'elles se projettent dans un seul rayon-direction, s'explique par le besoin de réagir contre leurs réactions trop dynamogènes. On ne doit donc pas considérer (pour employer le langage du chevalier de Reichenbach) la rencontre du bleu avec l'œil droit comme isonome, la rencontre du bleu avec l'œil gauche comme hétéronome : mais il faut intervertir ces qualificatifs et, si l'on place au point de vue normal, considérer comme dynamogènes les sensations de jaune à gauche, de bleu à droite, comme il sera expliqué § 29.

2. Collignon, *Manuel d'Archéologie grecque*, pages 78 et suivantes.

3. *Comptes rendus des séances de l'Académie des sciences*, tome XCI, 1880, page 995.

4. *Société de Biologie*, 30 mai 1885, page 336.

5. Léonce Reynaud, *Mémoire sur l'éclairage et le balisage des côtes de France*, Paris, 1864, pages 37-39.

J'ai projeté la sensation lumineuse dans le cercle chromatique; mais on arrive directement au phénomène de l'irradiation en observant que la sensation lumineuse tendant à se projeter de gauche à droite doit faire paraître les surfaces lumineuses plus grandes que les surfaces obscures, dont la sensation tend à se projeter de droite à gauche. J'ai cité (§ 2 pages 6 et 7) les expériences de Volkmann qui accusent des erreurs d'appréciation de rapports linéaires dans ces sens ; on retrouvera les mêmes phénomènes dans les intervalles musicaux (§ 49 page 41).

24. Pouvoir éclairant du spectre. — La perception lumineuse étant fonction de gauche, son minimum est à $\frac{1}{6}$, dans le violet. Le maximum d'une fonction de gauche considérée sous la forme discontinue est en bas, c'est-à-dire au bleu verdâtre ; le maximum d'une fonction de gauche considérée sous la forme continue est distant du point de départ de $-\frac{1}{6}$ (§ 3) : il est alors jaune orangé. Il y a donc lieu de distinguer deux maxima : l'un relatif, l'autre absolu.

La perception des formes étant fonction de droite, son maximum est dans le rouge. Le minimum d'une fonction de droite considérée sous la forme discontinue est en bas, c'est-à-dire au bleu verdâtre : le minimum d'une fonction de droite considérée sous la forme continue est distant du point de départ de $-\frac{1}{6}$; il est alors bleu-violâtre. Il y a donc lieu de distinguer deux minima : l'un relatif, l'autre absolu.

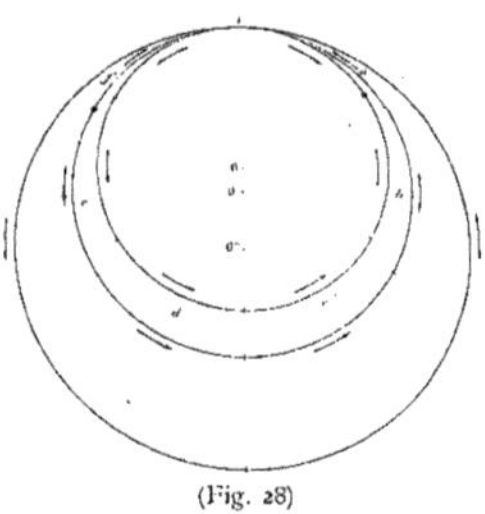
(Fig. 28)

Les maxima et minima en se combinant produisent le pouvoir éclairant du spectre, fonction complexe.

Désignons par le cercle *o* (fig. 28) la fonction de clarté, par le cercle *o'* la fonction d'acuité, par le cercle *o''* le grand cercle discontinu correspondant à l'ensemble de ces fonctions ; désignons par des flèches le sens des deux fonctions : nous voyons que, dans les secteurs *a* et *f*, elles sont de sens contraire, mais de même sens dans les 4 autres secteurs *b*, *c*, *d*, *e*. Dans *f* la perception des formes devient négative, tandis que la perception de lumière croît à partir de l'origine *i*; la perception des formes est en arrière de la perception lumineuse d'un secteur. Dans *a* la perception lumineuse décroît, tandis que la perception des formes continue à croître : la perception lumineuse est en arrière de la perception des formes d'un secteur. Le secteur *f* est moins éclairant que le secteur *e*, puisque dans le premier il y a retard d'une des deux fonctions de l'éclairage : le secteur *a* est moins éclairant que le secteur *b* pour la même raison. Mais le secteur *a* est plus éclairant que le secteur *c*, puisqu'il correspond au maximum de perception des formes, et qu'il a le même degré de perception lumineuse que *c*. L'ordre des pouvoirs éclairants des secteurs est donc : *b*, *a*, *c*, *d*, *e*, *f*, c'est-à-dire, jaune orangé, rouge, vert, bleu-verdâtre, bleu, violet. Plus particulièrement le maximum d'éclairement est, si l'on compare avec le spectre le schème coloré qui accompagne ce texte, dans le jaune orangé à environ $\frac{3}{4}$ de *C* vers *D*.

25. Expériences sur le pouvoir éclairant du spectre. — Des résultats de ce genre étant d'une grande importance pratique, il était urgent de pouvoir les déduire : l'expérience ne peut donner que des résultats assez divergents suivant la complexité des opérations, les observateurs, le lieu des observations, la pureté des sources lumineuses, etc.

Pour M. Charpentier la clarté est l'inverse de la quantité nécessaire et suffisante pour produire une perception lumineuse : l'intensité visuelle est l'inverse de la quantité de lumière nécessaire pour distinguer les formes des petits objets : le maximum de clarté est le maximum discontinu : le maximum d'intensité visuelle est le maximum continu, tous deux définis plus haut; c'est une distinction nécessaire. Cela posé, d'après ce savant (1), le maximum de clarté est dans le vert bleuâtre, voisin de la raie *b*, pour $\lambda = 0^{\mu},52$ environ; le maximum d'intensité visuelle est près de la raie D : la moyenne de 8 expériences le place vers $\lambda = 0^{\mu},5785$; or c'est précisément au même endroit que Langley (2) place le maximum d'énergie dans le spectre ($\lambda = 0^{\mu},58$) : résultat qu'il était facile de déduire : en effet, le maximum d'*intensité* de réaction a évidemment lieu, quand un seul côté et les deux côtés réagissent *continûment ;* or de tels modes de réaction se projettent dans les $\frac{5}{6}$ d'une fonction d'un seul côté (§ 9 fin). Le maximum d'énergie dans l'intervalle contrastant du spectre doit donc correspondre aux rayons qui se projettent en cette direction de gauche à droite, à partir de la gauche.

Ces conclusions concordent assez avec celles de MM. Macé de Lépinay et Nicati (3) pour l'intensité visuelle ; elles diffèrent pour la clarté.

L'acuité visuelle est, par convention, égale à 1, lorsque l'observateur distingue l'intervalle de deux traits noirs épais sous l'angle de 1'. MM. Macé de Lépinay et Nicati présentent à l'observateur un objet constitué par 3 traits noirs horizontaux sur fond blanchi au sulfate de baryte, de 6^{mm} de long sur 1^{mm} de large et distants de 1^{mm} ; si l'acuité visuelle est 1, lorsque, comme le donne un calcul simple, la distance de l'observateur à l'objet en question est $3^{m},44$, il est facile de voir que la distance de l'observateur à l'objet au moment où il le distingue étant *n* mètres, l'acuité visuelle a pour valeur $\frac{n}{3{,}44} = 0{,}29\,n$. Appelons avec ces auteurs *coefficient d'égale acuité visuelle*, le nombre qui représente dans quelle proportion il faut accroître la quantité de lumière blanche pour obtenir la même acuité que dans la région du maximum ; appelons *coefficient d'égale clarté*, le nombre qui représente dans quelle proportion il faut augmenter la quantité de lumière blanche pour obtenir la même clarté que celle que possédait primitivement le maximum ; les deux

1. *Comptes rendus des séances de l'Académie des sciences*, tome CI, 1885, page 183.
2. *Proceedings of the American Academy of Arts and Sciences*, vol. XVI, page 342. *American Journal of Sciences and Arts*, vol. XXI, 1881, page 187.
3. *Annales de Chimie et de Physique*, nov. 1881 ; 3e série, tome XXIV, page 328. *Association française pour l'avancement des Sciences*, 1882, page 223.

séries d'expériences sont relatives — pour les coefficients d'égale acuité, à une acuité visuelle égale à V = 0,33 ; c'est celle que donne une quantité de lumière égale à 0,0067, en représentant par 1 la quantité de lumière émise par l'étalon Carcel placé à 1 mètre de distance : — pour les coefficients d'égale clarté, à la clarté égale à 0,0067 Carcel. On obtient ainsi le tableau suivant :

$10^{6} \lambda$	COEFFICIENT D'ÉGALE ACUITÉ.	COEFFICIENT D'ÉGALE CLARTÉ.	RAPPORTS.
6,702	41,91	44,33	0,945
6,249	2,562	3,405	0,753
5,895	1,271	1,315	0,967
5,607	1,004	1,015	0,989
5,370	2,160	1,100	1,055
5,169	2,281	1,933	1,180
4,996	11,64	5,196	2,240
4,845	35,64	11,40	3,127
4,711	82,88	18,80	4,408
4,590	185,6	35,94	5,164
4,486	281,3	49,63	5,008
4,389	»	71,02	»
4,301	»	116,1	»

Les auteurs font observer que les deux méthodes conduisent à des nombres assez voisins pour toutes les radiations moins réfrangibles que le jaune verdâtre, mais complètement différents pour les radiations plus réfrangibles ; dès lors, concluent-ils, à pouvoir éclairant égal, il y a tout avantage à l'emploi d'une source éclairante jaune.

A pouvoir éclairant plus fort, il y a tout avantage à l'emploi d'une source éclairante rouge, car le maximum d'acuité visuelle est dans le rouge : nouvelle preuve de l'avantage que présente l'emploi des mots maximum d'intensité visuelle pour désigner la fonction de jaune orangé. MM. Macé de Lépinay et Nicati [1] ont formulé les variations de l'acuité visuelle pour les différentes régions du spectre dans les deux lois empiriques suivantes :

I. La relation qui existe entre l'acuité visuelle et l'intensité lumineuse objective est identique pour toutes les radiations moins réfrangibles que celle de longueur d'onde $\lambda = 0^{\mu},507$ (limite du vert pur et du vert bleuâtre).

II. L'acuité visuelle croît plus lentement et décroît plus lentement pour le bleu que pour les radiations moins réfrangibles, avec une même variation de l'intensité lumineuse objective, et cette différence croît d'autant plus que l'on considère une radiation plus réfrangible à partir du vert.

Pour obtenir la loi des distributions de la lumière dans les régions du spectre, les mêmes auteurs calculent les inverses des coefficients d'égale acuité visuelle, et obtiennent des résultats qui, dans le tableau suivant, sont comparés aux résultats de Fraunhofer et de Vierordt [2]:

RAIES DU SPECTRE.	MACÉ DE LÉPINAY ET NICATI.	FRAUNHOFER.	VIERORDT.
C	0,080	0,061	0,080
D	0,768	0,576	0,696
E	0,400	0,603	0,462

Les deux lois de MM. Macé de Lépinay et Nicati se déduisent des considérations du § 24. L'acuité visuelle étant fonction de droite sera dynamogéniée par les couleurs qui se projettent à droite : elle sera empêchée par les couleurs qui se projettent à gauche, à moins qu'il n'y ait augmentation de l'intensité lumineuse objective dont la sensation se projette alors de gauche à droite : d'où une nouvelle continuité.

On peut affirmer généralement avec M. Charpentier que, quelle que soit la couleur pure employée, il existe pour un même objet un rapport constant entre la quantité de lumière correspondant à la perception de cette couleur et la quantité de lumière correspondant à la distinction nette des points lumineux [3]. En effet la sensation lumineuse et la sensation chromatique se projettent sur le cycle dans le même sens que la sensation de forme, mais la sensation lumineuse seulement jusqu'à une certaine limite. Par exemple, le rapport des quantités de lumière correspondant à la perception de la couleur et à la perception de la forme augmentera si la couleur est le rouge, puisqu'il faut plus de lumière pour percevoir le rouge, mais il diminuera d'autant, puisque le rouge favorise l'acuité visuelle : il restera donc constant.

MM. Crova et Lagarde [4], aux mémoires desquels je renvoie pour la description des procédés expérimentaux, présentent les résultats suivants comme ceux des deux séries les plus régulières choisies parmi de nombreuses déterminations :

1. *Journal de Physique*, 1882, 2e Série, tome I, page 33.
2. *Annales de Chimie et de Physique*, 1811, 3e série, tome XXIV, page 328.
3. *Comptes rendus des séances de l'Académie des sciences*, tome XCVI, page 858.
4. *Journal de Physique*, tome I, page 162. — *Comptes rendus des séances de l'Académie des sciences*, tome XCIII, 1881, page 961.

LONGUEUR D'ONDE.	POUVOIR ÉCLAIRANT		LONGUEUR D'ONDE.	POUVOIR ÉCLAIRANT	
	LAMPE.	SOLEIL.		LAMPE.	SOLEIL.
740	0,1	»	600	94,0	23,0
720	0,7	»	580	72,5	62,5
700	1,6		560	37,5	98,5
680	5,7	0,5	540	23,5	30,5
660	14,0	1,5	520	13,0	17,2
640	28,0	4,0	500	6,0	9,2
620	52,5	10,2	480	1,0	3,5

Le maximum 100 correspond, pour la lampe, à la radiation 592 et, pour le soleil, à la radiation 564 : c'est-à-dire que l'ordre des pouvoirs éclairants des différentes parties du spectre est le suivant : jaune orangé, jaune verdâtre, jaune, vert, rouge, bleu verdâtre.

Toutes ces divergences, fatales par suite de la complexité des procédés expérimentaux, sont résolues maintenant par la théorie.

26. Ordre dans lequel il faut ranger les couleurs au point de vue de la fatigue. — On ne saurait décider par l'expérience l'ordre dans lequel les couleurs fatiguent : la fatigue est relative à l'état du sujet : si le sujet est surexcité, les excitations inhibitoires lui paraîtront fatigantes ; le sujet en expérience peut toujours être surexcité sans qu'il en ait conscience. Nous savons que l'inhibition correspond à des directions de la force en bas et à gauche, et que la force est normalement dirigée de droite à gauche, en haut et en bas dans les actions discontinues des deux côtés (§ 2, pages 4 et 5). Or nous devons évidemment projeter le cercle chromatique, à la fois réaction continue d'un seul côté et discontinue des deux côtés conformément au sens de ces diverses réactions (§ 19). Nous aurons ainsi pour les pigments, réactions discontinues des deux côtés, dans l'ordre des pouvoirs reposants : 1° le bleu violâtre, neutre à gauche ; 2° le vert ; 3° le violet, dirigés en bas et à gauche et tendant vers la gauche ; 4° le rouge, 5° l'orangé, tendant du haut et de la droite vers la gauche ; 6° le jaune franc, neutre à droite.

Il est évident qu'au point de vue de la réaction d'un seul côté, qui représente les couleurs-lumières, la répartition des couleurs suivant la dynamogénie ou l'inhibition de leurs directions est différente. Les lumières colorées se projettent sur un cycle orienté en haut de gauche à droite : je dis : en haut, puisque telle étant la direction dynamogène, telle est la situation initiale de toute représentation ; de gauche à droite, puisque tel est le sens de projection des lumières colorées dans la projection totale de la sensation visuelle (fig. 26). On a ainsi pour les lumières, dans l'ordre des pouvoirs reposants : 1° le bleu violâtre, dirigé à gauche ; 2° le bleu verdâtre, dirigé en bas ; 3° le vert, dirigé à droite vers le bas ; 4° le jaune dirigé à droite ; 5° l'orangé ; 6° le rouge.

Le jaune orangé $\frac{3}{4}$ de C vers D, auquel le maximum de pouvoir éclairant a été attribué, pouvant devenir fatigant au bout d'un certain temps, il y aura avantage à le rapprocher du bleu verdâtre, de la moitié de sa distance à cette couleur, c'est-à-dire de $\frac{1}{6}$ de circonférence : la couleur ainsi obtenue sera équidistante du minimum de fatigue et du maximum de pouvoir éclairant : elle ne peut être le jaune vert indiqué par le cercle chromatique, car cette couleur est fatigante : nous verrons que c'est précisément en ce point que se projette la lumière blanche, ce qui était le problème à résoudre.

LE CONTRASTE.

27. Le contraste des lumières. — Les sensations de lumière et de directions étant des fonctions de gauche ou de droite, il y a pour chacune de ces sensations un minimum de $-\frac{1}{6}$ entre les deux directions correspondant aux maximums d'inhibition et de dynamogénie ; la sensation chromatique étant, au contraire, fonction de droite ET de gauche, les maximums d'inhibition et de dynamogénie se confondent : de là une différence dans l'exercice du contraste ; la complémentaire dans les couleurs tend vers la complémentaire idéale, c'est-à-dire vers la direction opposée, beaucoup plus que les complémentaires de lumières ou de directions ; en effet, on ne peut se représenter *continûment* une fonction de gauche ou de droite que par un schème d'action dirigée en haut et en bas, soit à droite, soit à gauche ; or, dans les deux cas, la complémentaire est retardée (§ 9).

En général, *chaque lumière évoque sa complémentaire :* obscure, si elle est lumineuse, lumineuse, si elle est obscure, ces termes d'obscurité et de luminosité étant purement relatifs ; *dans un ensemble de lumières, chacune évoque la complémentaire de l'autre ;* le contraste successif diffère du contraste simultané. Mais dans les conditions particulières énoncées (§ 9, page 12,), il se peut que chaque lumière, perçue simultanément à d'autres, évoque sa propre complémentaire : dans ce cas, le contraste simultané ne diffère pas du contraste successif. Cette différence, M. Charpentier, après l'avoir admise (1), la rejette (2). La seule distinction, d'après la dernière opinion de ce savant, qui existe entre la perception des différences de clarté de deux surfaces contiguës et la perception des variations de clarté successives d'une même surface est que la perception différentielle simultanée décroît,

1. *Comptes rendus des séances de l'Académie des sciences*, tome XCI, 1880, page 50. | 2. *Comptes rendus des séances de l'Académie des sciences*, tome XCIX, 1884, page 88.

progressivement et notablement, du centre à la périphérie de la rétine, tandis que la perception des variations successives conserve sensiblement la même valeur dans toutes les parties du champ visuel et paraît même être un peu plus délicate dans une zone moyennement excentrique de ce champ. La théorie du contraste permettait de prévoir ce résultat. La perception des variations simultanées exige la coordination d'éléments gauches et droits, par conséquent sans nécessité de déplacement virtuel du centre vers la gauche ou vers la droite; la perception des variations successives exige l'exercice des éléments gauches ou des éléments droits de la rétine, dans les deux cas avec nécessité de déplacement virtuel du centre, le centre des éléments gauches ou des éléments droits ne pouvant évidemment, en aucun cas coïncider avec le centre de la rétine.

Quand on passe d'un milieu très éclairé à un milieu très faiblement éclairé, la lumière du second milieu disparaît ; quand on passe d'un milieu obscur à un milieu très éclairé, la lumière du second milieu est intense au point d'être douloureuse. Ce sont des phénomènes de contraste successif : l'obscurité et la luminosité de contraste succèdent à la luminosité et à l'obscurité du premier objet et modifient en conséquence la sensation du second.

(Fig. 27)

Quand l'excitation est forte et rapide (exemple : les teintes inégales de disques rotatifs), les parties claires et obscures de l'objet paraissent plus claires et plus obscures ; c'est le contraste simultané : chaque clarté évoque la complémentaire de l'autre.

Les parties claires de l'objet paraissent obscures et les parties obscures paraissent claires quand la durée de l'excitation lumineuse est grande : c'est le contraste simultané qui devient successif par l'action du temps, la continuité d'une simultanéité ne pouvant engendrer qu'une succession, c'est-à-dire que chaque clarté évoque sa complémentaire.

En effet, soit i, (fig. 27) la partie claire de l'objet, i' la partie obscure, i évoque la complémentaire claire c' de i' ; i' évoque la complémentaire obscure c de i ; mais par la continuité des actions des deux côtés i' passe de c en c' ; donc il devient clair ; i passe de c' en c ; donc il devient obscur, de sorte que la partie claire paraît obscure et la partie obscure paraît claire. Au bout d'un temps plus long, i' revenant en i et i en i', le sujet se retrouvera dans les conditions initiales de l'expérience.

28. Le contraste des couleurs. — Les couleurs sont fonctions de droite et de gauche (§ 18 et § précédent) ; on peut énoncer directement ces lois : *Chaque couleur évoque sa complémentaire ; dans un ensemble de couleurs, chacune évoque la complémentaire des autres.*

Puisque la sensation de lumière blanche correspond à la réalisation de deux directions complémentaires continues (§ 19), deux couleurs complémentaires perçues simultanément et chacune par un côté différent donneront la sensation de blanc.

Brücke remarque que « tous les cercles chromatiques reproduisent le même défaut : la couleur opposée à l'outremer est trop orangée, sa teinte n'est pas assez jaune ; de plus le vert correspondant au rouge spectral devrait incliner davantage vers le vert bleu. Cette observation s'applique également au cercle chromatique de M. Chevreul : l'erreur dans la position du vert réellement complémentaire du rouge, est d'environ 4 couleurs, soit le $\frac{1}{18}$ du cercle ; celle dans les positions respectives du jaune et du bleu d'outremer peut être évaluée, en tenant compte de l'état de saturation des couleurs franches, à $\frac{1}{8}$ de cercle. Quant aux couleurs qui correspondent aux miniums et aux bleus verdâtres opposés, elles sont convenablement disposées [1]. »

Si nous comparons les teintes jugées par Brücke comme les véritables complémentaires avec les couleurs présentées par des directions aussi rapprochées que possible des directions opposées dans le schème colorié qui accompagne ce texte, nous voyons qu'elles tendent à être identiques : nouvelle confirmation de la théorie. Nous préciserons § 32 dans quelle limite chaque couple de complémentaires s'éloigne de ce type de projection.

29. Le contraste et la vision binoculaire. — L'identité qui vient d'être établie entre la perception des couleurs complémentaires et la réalisation virtuelle de directions aussi rapprochées que possible des directions opposées fait prévoir que les deux yeux, animés normalement de directions contraires (l'œil droit se dirigeant vers la droite, l'œil gauche vers la gauche dans tout état de non-fixation d'un point lumineux) doivent jouer un rôle dans ces phénomènes. Il est bien connu que si l'on se place en face d'une fenêtre de façon que la lumière tombe sur l'observateur en venant de gauche, et que si, pendant qu'on fixe un papier blanc, on ferme alternativement l'œil droit et l'œil gauche, le papier paraît verdâtre avec l'œil gauche, rougeâtre avec l'œil droit ; c'est un fait indiqué par le cercle chromatique et le schème d'orientation des lumières colorées (§ 26) : la gauche commençant en bas, réalise le vert bleu, de même la droite en haut, réalise le rouge. M. Béclard [2] a constaté que si l'on place perpendiculairement un écran entre les deux yeux et si l'on reçoit isolément dans l'œil gauche un faisceau de lumière rouge et dans l'œil droit un faisceau de lumière bleu verdâtre, on ne perçoit qu'une seule impression, celle de blanc. L'impression d'une couleur sur une rétine détermine sur le point similaire de l'autre rétine l'apparition de la complémentaire. Mais la situation de la couleur doit s'accorder avec la direction subjective de cette couleur. La lumière bleue et la lumière jaune, lorsqu'elles excitent le même œil ou quand la lumière jaune excite l'œil droit, la lumière bleue l'œil gauche, déterminent la sensation de blanc. Si l'on présente de la lumière bleue à l'œil droit et de la jaune à l'œil gauche avec le stéréoscope, coloriant les surfaces ainsi que l'indiquent les figures 28 et 29, la sensation est tantôt de bleu, tantôt de jaune ; l'observateur croit voir une couleur à travers l'autre et distinguer les deux ; la petite image prend un grand éclat ; quelquefois le bleu et le jaune se fondent en une teinte brillante gris bleu ou gris pur. Il n'y a pas réaction dans les deux directions contraires, c'est-à-dire sensation de blanc, mais il y a réaction continue sur le cycle, c'est-à-dire sensation des deux couleurs successives à cause de la contrariété de la situation objective de la couleur avec son sens subjectif de projection. Je suis induit à réagir en présence du bleu, où je devrais réagir en présence du jaune, c'est-à-dire à droite, au lieu de réagir à gauche, et réciproquement : de là des alternatives de sensation correspondant

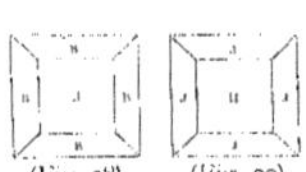
(Fig. 28) (Fig. 29)

1. *Des couleurs au point de vue physiologique*, traduction P. Schützenberger, page 55. | 2. *Traité de Physiologie*, tome II, page 285, 2e édition.

à des directions croisées de la droite vers la gauche et de la gauche vers la droite revenant à leur point de départ. Cette expérience est suggestive : en général, nous pourrons transformer des actions nerveuses inhibitoires ou continues dans une direction en actions nerveuses dynamogènes ou continues sur le cycle, et réciproquement, en appliquant des excitants de situation contraire ou identique à leur sens de projection subjective. Rood [1] a constaté que des couleurs pâles s'unissent plus facilement que des couleurs intenses et donnent des résultats moins divergents ; l'amplitude des mouvements virtuels étant moindre, le fait pouvait être déduit. Quant aux sensations du relief et du lustre des surfaces, si liées à la vision binoculaire, elles tiennent évidemment au rôle absolument inégal de la droite et de la gauche dans la sensation lumineuse et la sensation de forme, la sensation lumineuse étant fonction de gauche, la sensation de forme, fonction de droite.

Si je trace un cercle et si, en louchant, je produis de la diplopie, le cercle fictif de droite est réalisé plus grand et plus en arrière que le cercle de gauche : c'est la conséquence du caractère dynamogène de la direction de gauche à droite ; mais la sensation visuelle est une réaction des *deux* côtés pour un objet *simple* ; il y aura donc une réaction nouvelle continue entre les deux réactions différentes de la gauche et de la droite, c'est-à-dire que,la continuité s'exprimant par des puissances, il y aura réalisation d'une troisième dimension ; lorsque les deux images tendront à se confondre, j'aurai la sensation de relief. Mais il ne faudrait pas voir dans cette réaction l'origine première de la notion d'une troisième dimension : cette notion est liée à l'exercice du contraste en général (§ 8 page 11) : la vision binoculaire est seulement une condition particulière d'apparition de cette troisième dimension.

D'après la loi du contraste simultané des lumières, le cycle de gauche qui correspond à la sensation purement lumineuse paraîtra plus lumineux, puisqu'il est réalisé en même temps que le cycle de droite, et celui-ci paraîtra plus obscur : d'où la sensation de lustre. Cette sensation sera singulièrement favorisée par toute complication de contraste entre les deux images. Si l'on fait blanche dans une des deux images d'un corps une surface qu'on laisse noire dans l'autre image et si on leur donne des couleurs moyennement différentes, la surface paraîtra lustrée, tandis que les autres parties de l'objet paraîtront mates. Le lustre se manifestera le mieux, lorsque les deux champs colorés contrasteront à peu près également avec leur fond ; si l'un contraste plus fortement que l'autre avec ce fond, celui-ci sera diminué et ne contrastera plus assez avec l'autre champ. Si on regarde à travers un verre bleu un dessin bleu et à travers un verre rouge un dessin rouge, chaque verre fait paraître claire sa couleur homonyme tandis qu'il assombrit l'autre ; quand les deux couleurs apparaissent simultanément, le lustre est au maximum ; quand l'une supplante l'autre, le lustre disparaît.

Le lustre peut également se produire et par le même mécanisme, mais plus difficilement, par des images monoculaires, lorsque l'éclairage des différentes parties des objets subit de rapides modifications — (comme dans les vagues) — ou que l'observateur se déplace.

L'antagonisme des fonctions lumineuse et schématique des deux côtés apparaît bien dans *l'expérience paradoxale* de Fechner, modifiée par M. de Helmholtz [2]. Si, regardant une surface blanche, on ferme et on ouvre alternativement l'œil droit, au moment de l'occlusion, la surface blanche, qu'on ne voit plus alors que de l'œil gauche, paraît un peu plus sombre. Si l'on met, devant l'œil droit, un verre gris assez foncé, l'image paraît plus foncée lorsqu'on ouvre l'œil droit, plus claire lorsqu'on le ferme. Le contraire a lieu pour l'œil gauche. Qu'on se place ensuite en face d'un objet blanc bien nettement délimité, tel qu'une porte blanche située en face des fenêtres, et qu'on mette devant l'œil armé du verre foncé un papier blanc qui lui cache la porte et occupe tout le champ visuel correspondant, si on donne à cette feuille de papier une inclinaison telle qu'elle soit aussi claire que la porte et qu'on répète alors l'expérience, on obtient un résultat tout à fait opposé au précédent. Lorsqu'on ouvre l'œil placé derrière le verre foncé et le papier, le blanc de la porte augmente très peu d'intensité par l'effet d'une espèce de nuage clair qui s'y superpose ; c'est l'image du papier blanc qui coïncide binoculairement avec elle. Qu'on enlève alors le papier blanc en laissant les deux yeux ouverts de sorte qu'ils voient tous deux la porte, elle paraît alors s'assombrir considérablement, bien que l'intensité des parties des deux champs visuels où on la voit n'ait aucunement varié.

M. de Helmholtz fait observer justement qu'il ne s'agit pas ici d'une modification de la sensation de la lumière, mais seulement d'une modification de notre jugement ; c'est l'explication qu'il donne de tous les phénomènes de contraste, explication incontestable, mais qu'il faut compléter en précisant le mécanisme de ces modifications de jugement et en le rattachant à des lois générales. C'est ce que je vais faire pour *l'expérience paradoxale*.

Considérons les schèmes d'orientation de la force à gauche et à droite (fig. 6 et 5), le premier s'appliquant à la gauche, le second à la droite : les portions gauches de chaque cycle sont plutôt lumineuses, les portions droites schématiques, l'ensemble à gauche lumineux, l'ensemble à droite schématique. La surface blanche pour une occlusion de l'œil droit paraîtra plus sombre, puisqu'il y a l'excitation en moins de la portion gauche de la droite. Supposons maintenant devant l'œil droit un verre foncé, la portion gauche de la droite réagit moins, la portion droite réagit plus : en général, la droite réagit plus. Si j'ouvre l'œil droit, la gauche réagira moins, il y aura obscurcissement. Si je le ferme, la droite réagira moins *après avoir réagi plus*, c'est-à-dire que, par contraste successif, la réaction paraîtra moindre, la gauche réagira plus : il y aura éclairement. Dans la seconde partie de l'expérience, l'œil gauche est devant une surface étendue, la porte ; l'œil droit devant une surface restreinte, le papier. La gauche et la droite sont donc empêchées l'une et l'autre. Lorsqu'on ouvre l'œil droit, la gauche de la droite est excitée, il y a plus de lumière ; lorsqu'on ouvre les deux yeux devant la porte, la droite, dont la fonction est schématique, est excitée par l'étendue de la surface ; elle réagit d'autant plus que précédemment elle réagissait moins ; la gauche réagit moins ; d'autre part, celle-ci est empêchée par l'étendue de la surface : il y aura obscurcissement total.

Nous allons trouver de nouvelles preuves expérimentales de la différenciation de projection des sensations lumineuse et schématique.

30. Complications de contraste. — M. Parinaud a varié les expériences de M. Béclard. Un carton mi-partie blanc et rouge est placé sur une table de manière à recevoir directement la lumière solaire. Les yeux sont tenus fermés pendant une minute ; on les ouvre rapidement et on fixe, pendant moins d'une seconde, une feuille de papier ; on voit alors apparaître les images positives des deux surfaces ; l'image de la moitié rouge est rouge, celle de la moitié blanche offre une teinte verte. Cette expérience est du contraste simultané lumineux compliqué de contraste chromatique successif (§§ 27 et 29) ; la moitié rouge joue le rôle de partie obscure.

Un verre rouge étant placé sur l'œil droit, on fixe avec les deux yeux une surface blanche *vivement éclairée* ; portant ensuite le regard sur une surface blanche ou grise moins fortement éclairée et fermant alternativement les deux yeux, on voit que l'image

1. *American Journal of Science*, mai 1865.

2. *Optique physiologique*, pages 993 et suivantes.

consécutive de chacun d'eux est diversement colorée : celle de l'œil droit muni d'un verre rouge est verte, celle de l'œil gauche, qui n'a reçu que de la lumière blanche, est rouge (1). Cette expérience précise bien l'influence différente d'un éclairage intense sur les deux rétines ; la droite, inhibée, voit vert au lieu de rouge, c'est-à-dire réalise la direction de haut en bas : la gauche, dynamogéniée, voit rouge au lieu de blanc, c'est-à-dire réalise la direction de bas en haut.

31. Cas d'exception.— Quand deux couleurs sont très rapprochées sur le cercle chromatique, c'est-à-dire quand le changement de direction à réaliser est très petit, chacune paraît moins saturée : en effet, la réalisation de ce changement complexe est un petit cycle continu qui correspond précisément à la sensation de blanc.

Plateau se procure des rectangles en carton, d'environ 20 centimètres de largeur et 15 de hauteur : il les recouvre de papiers colorés différents, de manière que l'un des cartons soit rouge, un autre bleu ; il colle ensuite sur chacun d'eux une bande étroite d'un millimètre de largeur de papier d'une autre couleur, allant du milieu d'un des grands côtés du rectangle au milieu du côté opposé. Il trouve que la couleur de la bande étroite, au lieu d'être modifiée par la complémentaire du fond, semble au contraire combinée avec la couleur même de ce fond.

En effet, la bande paraît par le contraste encore plus petite par rapport au fond : d'où une mesure trop complexe à réaliser, et en conséquence un véritable mélange, soumis à des lois que nous expliquerons.

Un carton de même dimension que les précédents est recouvert de papier rouge sur l'une des moitiés de sa face antérieure, de papier vert complémentaire sur l'autre moitié. En regardant ce carton d'une certaine distance *suffisante*, Plateau distingue parfaitement le long de la ligne de séparation des couleurs une petite bande blanchâtre et, à côté de celle-ci, une petite bande noirâtre dont il ne peut soupçonner la cause (2). La construction du cercle chromatique marque qu'il n'y a entre la sensation de blanc et la sensation de noir qu'une différence dans le degré de dynamogénie : les cycles absolument discontinus succédant aux cycles continus au bout d'un certain temps, l'apparition de la petite bande noirâtre s'explique.

On sait que, si l'on prolonge une expérience de contraste simultané, la couleur de contraste, qui était d'abord complémentaire de la couleur dite inductrice, peut être remplacée par la couleur homonyme (3). C'est là un résultat qui se déduit de la forme des complémentaires : il est évident que les cycles correspondant aux deux couleurs se referment au bout d'un certain temps sur leur point de départ (§ 27, page 27).

32. Rapports des longueurs d'onde et des intensités des couleurs complémentaires déduits des inégalités de contraste. — M. de Helmholtz a mesuré les longueurs d'onde des couleurs complémentaires et a constaté que les rapports varient entre une quarte (1,333) et une tierce mineure (1,186), c'est-à-dire entre les valeurs $\left(\frac{3}{2}\right)^{1}$ et $\left(\frac{3}{2}\right)^{3}$ ramenées dans la même octave. L'unité de longueur est le millionième d'un pouce de Paris (4).

COULEURS.	LONGUEURS D'ONDE.	COULEURS COMPLÉMENTAIRES.	LONGUEURS D'ONDE.	RAPPORTS DES LONGUEURS D'ONDE.
Rouge	2425	Bleu verdâtre	1818	1,334
Jaune verdâtre	2082	Violet	1600	1,301
Orangé	2244	Bleu	1809	1,240
Jaune	2085	Bleu indigo	1706	1,222
Jaune	2095	Bleu indigo	1716	1,221
Jaune d'or	2162	Bleu	1793	1,206
Jaune d'or	2120	Bleu	1781	1,190

Ce sont précisément les limites dans lesquelles la théorie enferme les oscillations de la fonction de complémentaire au point de vue de la réaction d'un seul côté (§ 9, page 12, ligne 24), ce qui est le cas des couleurs-lumières (§ 8, page 10, ligne 15) ; fonction exprimée dans ce cas par le rapport $\left(\frac{3}{2}\right)^{4}$ immédiatement continu à $\left(\frac{3}{2}\right)^{2}$ ou simultané à ce rapport qui se projette entre $\left(\frac{3}{2}\right)^{1}$ et $\left(\frac{3}{2}\right)^{3}$. Le cercle chromatique détermine également par les sens de projection l'ordre des variations. On a vu (§ 9, pages 11 et 12) que deux points situés sur une même verticale contrastent plus que deux points situés sur une oblique inclinée à gauche, ceux-ci plus que deux points situés sur une oblique inclinée à droite, ceux-ci plus que deux points situés sur une horizontale ; l'expression du contraste des complémentaires dans le cas de l'inclinaison à gauche est 1, 32, dans le cas de l'inclinaison à droite, 1, 25. L'intervalle du rouge au bleu verdâtre (direction aussi rapprochée que possible de la verticale) paraîtra donc plus grand que l'intervalle du violet au jaune verdâtre (direction assez rapprochée de l'oblique inclinée à gauche) : on choisira en conséquence un rapport de vibrations plus considérable pour le premier intervalle que pour le second ; on a, en effet, 1,334 au lieu de 1,301 ; l'intervalle du violet au jaune verdâtre paraîtra plus grand que l'intervalle de l'orangé au bleu (direction assez rapprochée de l'oblique inclinée à droite) ; on a en effet 1, 301 au lieu de 1,240 ; l'intervalle de l'orangé au bleu paraîtra plus grand que l'intervalle du jaune au bleu (direction aussi rapprochée que possible de l'horizontale) ; on a en effet 1,240 au lieu de 1,190. L'intervalle théoriquement identique avec l'intervalle idéal $\left(\frac{3}{2}\right)^{4} = 1,250$ est l'intervalle de l'orangé au bleu : il correspond aux directions opposées. On verrait facilement que les intervalles du rouge et du bleu verdâtre, du violet et du vert correspondent le premier à $\frac{1}{20,6}$, le second à $\frac{1}{24,36}$ en plus, l'intervalle du jaune au bleu correspondant à $\frac{1}{38}$ environ en moins que la demi-circonférence.

1. *Du contraste chromatique* (*Société de Biologie*, 1882, page 563). — Gorham, *On the blending of Colours by the sole agency of the sensorium* (*Brain*, janvier 1883).
2. Plateau, *Académie de Belgique*, 2me série, tome XVI, nº 8.
3. Helmholtz, *Optique physiologique*, page 527.
4. Helmholtz, *Optique physiologique*, page 365.

La perception des couleurs-pigments correspond au type de réaction discontinue des deux côtés (§ 19, page 21); mais pour ce type d'actions (§ 9, page 12), la fonction de complémentaire exprimée par le rapport $\left(\frac{3}{2}\right)^{12}$ est simultanée au rapport $\left(\frac{3}{2}\right)^{4}$ qui oscille entre les valeurs $\left(\frac{3}{2}\right)^{-7}$ et $\left(\frac{3}{2}\right)^{-5}$ ramenées dans l'octave : les rapports des intensités des pigments complémentaires doivent osciller entre ces limites. C'est ce que confirment remarquablement les expériences faites par Rood avec les disques de Maxwell (1). Le procédé par lequel ce savant calcule les intensités relatives de deux couleurs complémentaires est fort simple. Supposons que 25 parties d'un certain rouge sur le disque neutralisent par la rotation 75 parties d'un bleu vert ; le rouge occupe le $\frac{1}{4}$ du disque, le bleu vert les $\frac{3}{4}$: l'intensité du bleu vert est donc le tiers de celle du rouge. Si on représente par i la plus grande intensité et par i' la plus petite, on a $25\,i = 75\,i'$ ou, en représentant par 100 la plus grande intensité : $i' = 33{,}33$. C'est ainsi qu'a été calculé le tableau de la série suivante de disques complémentaires, dont les tons ont été choisis de façon à donner à peu près la même quantité de lumière blanche : j'ajoute les rapports des intensités de chaque couple pour la même quantité de lumière blanche, c'est-à-dire que l'intensité de la seconde couleur a été diminuée dans le même rapport que la quantité de lumière blanche fournie par chaque couple se trouve augmentée relativement au premier couple = 25.

COULEURS.	INTENSITÉS.	COULEURS.	INTENSITÉS.	QUANTITÉ DE LUMIÈRE FOURNIE PAR CHAQUE COUPLE.	RAPPORTS DES INTENSITÉS DE CHAQUE COUPLE.
Carmin	100	Vert bleu	68,6	25	1,458
Vermillon	100	Bleu vert	56,2	25,3	1,801
Orangé	100	Bleu verdâtre	88,7	27,2	1,227
Jaune	100	Bleu	64,5	25,6	1,588
Bleu de France	100	Jaune verdâtre	89,7	28,9	1,288
Violet	100	Jaune verdâtre	88,7	32,2	1,452
Vert	100	Pourpre	86,9	25,7	1,183

Les valeurs $\left(\frac{3}{2}\right)^{-7}$ et $\left(\frac{3}{2}\right)^{-5}$ ramenées dans l'octave sont $\frac{4096}{2187} = 1{,}872$ et $\frac{256}{243} = 1{,}053$; or le maximum représenté par le couple du vermillon et du bleu vert est égal à 1, 801, le minimum représenté par le couple du vert et du pourpre est égal à 1, 183. Le cercle chromatique et la théorie des inégalités de contraste dans le type des actions discontinues des deux côtés déterminent l'ordre et les valeurs des variations : on a vu (§ 9, page 12) que dans l'ordre des contrastes décroissants on doit compter la verticale, l'horizontale, l'oblique inclinée à gauche, l'oblique inclinée à droite et qu'il y a quatre contrastes minima pour deux couples de directions : suivant que l'on considère d'abord à droite ou d'abord à gauche un premier couple dont une direction serait en bas à gauche, l'autre étant neutre ou en bas à droite, un second couple dont une des directions serait en haut à gauche, l'autre étant neutre ou en haut à droite. Les valeurs de contraste sont pour la verticale : 1, 872 ; l'horizontale : 1, 5 ; l'oblique inclinée à gauche : 1, 32 ; l'oblique inclinée à droite : 1, 2 ; pour les minima successifs : 1,12, 1,11, 1, 056, 1,053. Les rapports des intensités de chaque couple décroîtront donc dans l'ordre suivant : vermillon-bleu vert (direction verticale approchée), jaune-bleu (direction horizontale approchée), carmin-vert bleu, violet-jaune verdâtre, bleu de France-jaune verdâtre (directions de l'oblique inclinée à gauche), orangé-bleu verdâtre (direction de l'oblique inclinée à droite) ; vert-pourpre (couple de directions dont l'une est en bas à gauche si le pourpre tend vers le bleu et l'autre en bas à droite): c'est l'ordre exprimé par la dernière colonne du tableau.

33. Sensibilité différentielle de la lumière blanche. — Si on présente à l'œil, non un fond obscur, mais une surface plus ou moins éclairée sur laquelle vient se détacher un carré coloré, en même temps que le carré est distingué du fond, il paraît coloré ; il ne passe plus par une phase incolore, comme lorsqu'il se détache sur un fond obscur. Si on rapporte l'éclairement minimum qu'il faut donner au carré pour le faire distinguer du fond à l'éclairement qui a donné dans l'obscurité une première sensation lumineuse, on voit que, pour un même fond incolore, il faut plus de bleu que de vert, plus de vert que de jaune, plus de jaune que de rouge pour faire distinguer de ce fond les surfaces éclairées par ces diverses couleurs. Si l'on détermine suivant les mêmes principes la sensibilité différentielle de la lumière blanche, on trouve que cette sensibilité est intermédiaire entre celle du jaune et celle du vert ; la courbe du blanc partage les couleurs en deux groupes : le rouge et le jaune appelés *couleurs chaudes* ; le vert et le bleu appelés *couleurs froides* (2). Ces faits s'expliquent aisément. Comme toute sensation, la sensation de couleur est la réalisation d'un changement de direction : or cette construction ne peut s'exécuter que par des cycles d'un rayon défini (§ 19), c'est-à-dire suppose la perception de blanc. Si la surface colorée est sur un fond noir, c'est-à-dire s'il y a d'abord tracé du grand cercle absolument discontinu correspondant à la sensation de noir, il y aura perception de blanc avant perception chromatique : c'est un effet du contraste de la projection à droite de la sensation de noir avec la projection à gauche de la sensation purement lumineuse. Si la surface colorée est sur un fond éclairé, il y aura tracé préalable du cercle continu correspondant à la sensation de blanc, donc réaction à gauche, puis réaction à droite par contraste ; mais comme il y a en même temps sensation chromatique pigmentaire, cette réaction de contraste à droite aura simplement pour effet d'obscurcir la sensation colorée ; il y aura donc apparemment perception chromatique immédiate.

La sensibilité différentielle de chaque couleur varie suivant son degré de dynamogénie, qui croît du violet au rouge. Préciser la sensibilité différentielle de la lumière blanche, c'est préciser son degré de dynamogénie. Or ce degré se déduit facilement de la

1. *Théorie scientifique des couleurs*, Paris, 1881, page 145.

2. Charpentier, *Comptes rendus des séances de l'Académie des sciences*, tome XCI, 1880, page 240.

projection du maximum d'une fonction de gauche qui est aussi rapprochée que possible de *o A* (fig. 26), située précisément entre le jaune et le vert, deux fois plus près du vert que du jaune, c'est-à-dire à $\frac{2}{3}$ du cycle : de cette façon l'autre côté se réduit à $\frac{1}{3}$ du cycle, autrement dit à un cycle de rayon infiniment petit. C'est le point que nous avons été conduits à déterminer, en cherchant (§ 26) la couleur la plus reposante.

34. Apparences colorées de la lumière blanche. — Suivant ses degrés divers d'intensité, la sensation lumineuse se projetant en des directions différentes, l'être vivant associe à ces divers degrés d'intensité les couleurs qui se projettent dans les mêmes directions. Élémentaire, la sensation lumineuse se projette à partir du minimum d'une fonction d'un seul côté $\left(\frac{1}{6}\right)$, c'est-à-dire dans le violet: c'est la raison de la nuance généralement violâtre de la lumière blanche naturelle. On conçoit que cette nuance ne modifie pas les pigments violets et par conséquent leurs compléments vert jaunâtres, mais qu'elle modifie toutes les autres couleurs, comme si un peu de lumière violette était mêlée à la lumière blanche. C'est ce que confirme l'expérience. Soit un plateau rotatif blanc, divisé en 360°; peignons-y un segment de 60° en bleu d'outremer : en faisant tourner, nous verrons le disque coloré non en bleu, mais en violet [1]. Par le procédé Lambert, qui consiste à mélanger la couleur vue à travers une lame de verre avec une autre couleur vue par réflexion sur cette lame, mêle-t-on sur la rétine de l'outremer et du blanc fourni par les plus purs pigments, on éprouve la sensation de violet. Si on applique très près de l'œil un verre coloré en bleu foncé, le bord libre partageant la pupille en deux parties égales et qu'on regarde une nuée blanche, ce bord s'efface à peu près complètement : on perçoit parallèle à ce bord une auréole violette, résultat du mélange de bleu et de blanc. Un verre jaune d'or foncé, employé dans les mêmes conditions que le bleu, fournit une auréole ou une pénombre d'un jaune manifestement rougeâtre. Le jaune de chrôme mélangé au blanc par le procédé Lambert donne un jaune orangé très clair [2].

Si, de sa projection normale sur les $\frac{2}{3}$ du cycle, la lumière d'un fond tend vers un maximum, le fond paraîtra orangé, c'est-à-dire que la sensation se projettera sur les $\frac{5}{6}$ du cycle : si cette lumière tend vers un minimum, ce fond paraîtra bleu verdâtre, c'est-à-dire se projettera sur le $\frac{1}{2}$ du cycle. C'est l'explication des bleus du ciel et des eaux, des tons orangés du disque solaire à l'aurore et au crépuscule, etc.

35. Influence réciproque des couleurs les unes sur les autres dans les vitraux. — Le grand espace occupé par le bleu dans le cercle chromatique explique son débordement sur les autres couleurs dans les vitraux, et la nécessité de régler son étendue par des hachures ; le rouge se rétrécit en conséquence ; le jaune, que sa fonction lumineuse tend à agrandir, est réglé par le bleu ; il reste donc à peu près fixe : mais il donne lieu au contraste lumineux : il évoque le noir lequel, paraissant plus petit, est vu au centre. Ces phénomènes, dont l'explication est ici donnée pour la première fois, ont été bien observés par les peintres-verriers des XIIe et XIIIe siècles, mais depuis trop souvent négligés [3].

36. Théorie des couleurs dites rentrantes et saillantes. — On a vu que les directions d'arrière en avant sont dynamogènes et que les directions d'avant en arrière sont inhibitoires (§ 2, page 6). La dynamogénie des couleurs-lumières vertes, jaunes, orangées (direction de gauche à droite), explique l'apparence creuse des vitraux de ces couleurs : il y a, simultanément à ces directions, réaction dans le sens des objets. Le rouge à la limite de la dynamogénie peut paraître saillant ou rentrant, suivant qu'il vire à gauche ou à droite : il paraît saillant sur le bleu, c'est-à-dire qu'il y a réaction en sens inverse du vitrail, car dans ce cas il y a réaction en présence de violet ; il paraît creux sur le jaune comme dynamogène.

Une conséquence pratique de ces faits est que, pour faire apparaître des creux peu éclairés, il faudra les peindre en rouge ; les creux très éclairés devront être peints en bleu : on évitera ainsi l'excès de cavité ; les architectes du temple de Minerve Poliade avaient observé le fait.

37. Mélanges de lumières et de pigments. — Si l'on projette sur un même point deux faisceaux de lumière colorée, il se fait un mélange dans lequel l'œil est incapable de reconnaître la présence des éléments primitifs. En effet, les deux couleurs sont projetées comme couleurs dans des directions différentes subjectives, et comme déterminations de l'espace objectif dans une même direction : la couleur résultante correspondra à la direction équidistante des deux directions primitives, puisque cette dernière direction contraste au minimum simultanément avec les deux directions chromatiques.

Les mélanges pigmentaires sont soumis à une loi toute différente. La couleur contrastant au minimum simultanément avec deux pigments n'en est pas équidistante sur le cercle chromatique. Les sensations de pigments correspondent aux réactions discontinues des deux côtés (fig. 4) ; le minimum de contraste simultané pour une telle réaction est évidemment une direction distante du quart de la circonférence. Le minimum de contraste simultané de deux pigments ou la teinte de leur mélange se projettera donc aux $\frac{3}{4}$ de l'intervalle compris entre eux, cet intervalle étant projeté en haut de droite à gauche, suivant le sens de ces réactions.

Les différences entre les mélanges de pigments et de lumières ont été étudiées soigneusement par M. Rood et par M. von Bezold. Il faut non seulement noircir les mélanges de lumière colorée, si on veut obtenir par mélanges rotatifs de disques les mêmes

1. Rood, *Théorie scientifique des couleurs*, page 168. — Aubert, *Physiologie der Netzhaut*, Breslau, 1865, page 136.

2. Brücke, *Les couleurs*, page 48.

3. Viollet-le-Duc, *Dictionnaire d'architecture*, article *Vitrail*.

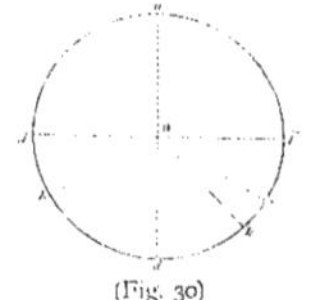

(Fig. 30)

tons que sur la palette ; il faut adopter d'autres unités de contraste [1]. Par exemple, le mélange des pigments jaune et bleu donne du vert, tandis que le mélange des lumières jaune et bleue donne du blanc ; en effet, les lumières bleue et jaune, qui se projettent en *oj*, *oj'* (fig. 30) sur le cycle continu sont complémentaires ; mais les pigments soumis aux lois du contraste des réactions des deux côtés produisent pour minimum de contraste simultané la couleur située aux $\frac{3}{4}$ de leur intervalle, c'est-à-dire le vert correspondant à *ok*. Pour reproduire un mélange sur la palette de violet et de vert ou de carmin et de vert, on est forcé d'ajouter non seulement du noir au disque rotatif, mais du vermillon ; en effet, c'est précisément à des tons vermillons que correspondent les $\frac{3}{4}$ de l'intervalle compris entre le vert d'une part, le violet et le carmin d'autre part, projeté dans le sens des pigments à partir du vert, comme on le vérifie par le cercle chromatique.

Si les pigments composants ne contrastent pas au point de vue pigmentaire, ils sont réalisés comme identiques ; la direction correspondant à l'un d'eux tend vers la direction correspondant à l'autre : dans ce cas, le premier pigment évoque le pigment correspondant à la direction qui contraste au minimum. Ainsi le violet et le carmin ne contrastant pas, sont réalisables comme identiques ; le rouge évoque le bleu d'outremer, pigment contrastant au minimum. On comprend pourquoi, si on veut reproduire un mélange sur la palette de violet et de carmin, on est forcé d'ajouter du bleu d'outremer.

Je ne puis donner des déterminations quantitatives en l'absence de certaines données expérimentales. Mais il est facile de retrouver théoriquement les résultats différents des mélanges de lumières ou de l'absorption fournis par l'appareil de Dove et rapportés par M. Rood [2]. Je ferai observer seulement que les mêmes pigments peuvent donner dans leur mélange des couleurs différentes. On vient de voir du rouge et du vert produire du vermillon, puisqu'il est nécessaire d'ajouter cette dernière couleur au disque rotatif pour reproduire en lumières colorées le ton de leur mélange pigmentaire ; on verra dans le tableau suivant le rouge et le vert produire du vert foncé. C'est une question de temps. Si la sensation se projette du rouge au vert, le contraste résultant donne du vert bleu foncé ; si elle se projette du vert au rouge, il y a production de vermillon.

Couleurs des verres.	Mélange des lumières.	Résultats de l'absorption.	Couleurs des verres.	Mélange des lumières.	Résultats de l'absorption.
Rouge et vert	Orangé	Vert foncé	Jaune et rouge	Jaune légèrement orangé	Rouge orangé foncé
Rouge et vert plus foncés	Jaune pâle	Noir	Jaune et rouge plus foncés	Orangé	Rouge
Jaune et bleu	Blanc	Beau vert	Jaune et vert bleuâtre	Jaune	Vert jaunâtre
Jaune et bleu plus foncés	Blanc rosé	Beau vert olive	Jaune et vert bleu plus foncés	Blanc jaunâtre	Beau vert jaunâtre
Rouge et bleu	Pourpre violet	Rouge foncé	Jaune et vert bleu encore plus foncés	Jaune verdâtre pâle	Vert olive
Jaune et pourpre foncés	Jaune	Orangé foncé			
Jaune et pourpre plus foncés	Orangé pâle	Brun foncé	Pourpre et vert bleu	Vert bleu pâle	Violet foncé
Pourpre et vert	Blanc	Vert foncé	Violet pourpre et vert	Bleu violet pâle	Noir

Rood a étudié l'action des lumières sur les pigments et conclut qu'en général la teinte résultante dépend plutôt d'un véritable mélange de lumières colorées, et que l'absorption n'intervient que d'une manière secondaire.

En résumé, la sensation des couleurs composées correspond bien en général à des moyennes de directions : mais il y a un système de coordonnées différent suivant qu'il s'agit de lumières ou de pigments : dans les deux cas, il y a lieu de tenir un grand compte des caractéristiques individuelles [3].

38. Variations de coloration suivant les composantes de la lumière blanche.

— L'expression de *lumière blanche* ne correspond à aucune réalité physique déterminée, puisqu'il existe un grand nombre de lumières identiques d'aspect avec la lumière naturelle qui sont composées de deux, de trois ou d'un plus grand nombre de rayons colorés. Ces lumières qui paraissent identiques, tant qu'elles éclairent un objet incolore, se différencient dès qu'on les projette sur un objet coloré. M. Rosenstiehl [4] fait apparaître sur un écran une étoffe peinte en rouge d'Andrinople ; d'un rouge brillant dans la lumière naturelle, cette étoffe paraîtra d'un rouge foncé dans une lumière composée de rouge et de vert bleu.

Ce noircissement plus ou moins intense d'un pigment sous l'influence de la lumière blanche produite par des couleurs complémentaires, s'explique bien par le parallélisme des réactions correspondant à la sensation de ce blanc, à la sensation de pigment et à la sensation de noir. La première correspond à une action cyclique continue des deux côtés ; la seconde est une portion de la réaction correspondant à la troisième et celle-ci ne diffère de la première que par le rayon plus grand de son action et la discontinuité absolue du cycle. La simultanéité des deux premières réactions est une condition de continuité pour la troisième. L'étoffe rouge sera noire dans un mélange d'orangé et de vert-bleu, noire dans la lumière formée par le bleu et le jaune complémentaires, violet foncé dans la lumière composée de jaune-vert et de violet. Si un corps *blanc* dans la lumière solaire absorbe toutes les radiations simples, sauf deux qui soient des couleurs complémentaires, il pourra également être noir dans la lumière formée par ces couleurs complémentaires.

39. Applications aux végétaux de la théorie des directions et du contraste chromatiques.

— La théorie du contraste et des directions se confirme chez les végétaux. Pour savoir la part qui revient aux rayons des diverses réfrangibilités dans l'action retardatrice exercée sur la croissance par la radiation totale, M. Wiesner [5] a soumis des plantes

1. *Annales de Poggendorff*, tome CL, pages 71 à 93 et 221 à 247 ; (Jubelband, 1874), pages 585 à 590.
2. *Théorie scientifique des couleurs*, p. 122.
3. MM. von Frey et von Kries (*Archiv fur Physik*, 1881, page 336) ont repris récemment la question du mélange des couleurs spectrales : ils ont constaté qu'en opérant dans les mêmes conditions, les deux observateurs n'obtiennent pas des courbes identiques (hyperboles équilatères). En prenant pour abscisses les longueurs d'onde des diverses radiations, pour ordonnées les longueurs d'onde des couleurs complémentaires, ces courbes se coupent dans le jaune-bleu. De même, en mélangeant le vert de *b* au rouge de *C* et cherchant à reproduire les teintes intermédiaires, M. von Kries était constamment obligé d'employer plus de vert que M. von Frey. L'inverse se produisait pour les mélanges du vert de *b* avec le violet de G.
4. *Comptes rendus des séances de l'Académie des sciences*, 1882, tome XCV, p. 1276.
5. Van Tieghem, *Traité de Botanique*, pages 117 et suivantes.

semblables à une radiation équilatérale de moyenne intensité sous des cloches doubles remplies de diverses substances dont le pouvoir absorbant avait été déterminé, et il a mesuré pour les diverses radiations l'accroissement au bout du même temps. Tous les rayons, y compris les infra-rouges, ont une action retardatrice sur la croissance; mais cette action est inégale; les rayons jaunes agissent le moins; l'action va en augmentant faiblement vers le rouge et l'infra-rouge, où elle atteint un premier et faible maximum; elle augmente plus rapidement vers le bleu, le violet et l'ultra-violet, où elle atteint un 2e maximum beaucoup plus élevé. Si sur les divers rayons du spectre pris comme abscisses on élève des ordonnées proportionnelles à l'effet retardateur, on obtient une courbe à deux branches inégales (fig. 31); si on analyse cette courbe en changements de direction, on obtient d'abord un arrêt au $\frac{1}{3}$ de A vers B, puis dans la région moyenne 4 points d'arrêt correspondant sensiblement au rouge, en C, au jaune aux $\frac{10}{78}$ de D vers E, au bleu verdâtre aux $\frac{10}{49}$ de E vers F, au bleu violâtre aux $\frac{10}{22}$ de F vers G : ce sont précisément les points d'arrêt correspondant aux directions primaires dans le cas du contraste simultané des deux côtés ; ce qui est le cas de la radiation équilatérale.

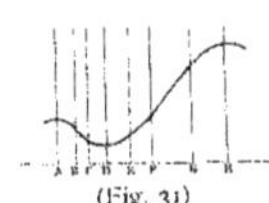
(Fig. 31)

Si la plante reçoit la radiation totale suivant une seule direction latérale, le côté tourné vers la source et le côté opposé, se trouvant irradiés inégalement, s'accroissent inégalement: il en résultera une courbure vers la source ou une courbure en sens inverse, suivant le sens de la différence d'intensité. Les radiations de la moitié la moins réfrangible du spectre provoquent l'héliotropisme, mais beaucoup moins fortement que celles de la moitié la plus réfrangible. Si sur les divers rayons du spectre pris comme abscisses on élève des ordonnées inversement proportionnelles au temps nécessaire pour que la tige d'une pareille plante commence à s'infléchir, on obtient une courbe (fig. 32) que les rayons jaunes de chaque côté de la raie D séparent en 2 branches. Dans leur marche générale les résultats de la vesce sont conformes à ceux qu'on obtient quand on mesure les retards de croissance provoqués par des radiations équilatérales de diverses réfrangibilités. Il n'y a qu'une différence: les rayons jaunes qui sensiblement retardent la croissance, n'exercent pas sensiblement d'action fléchissante. Si on décompose la courbe en ses changements de direction, on trouve 3 points d'arrêt correspondant au rouge, en C, au jaune vert, aux $\frac{10}{21}$ de D vers E, au bleu, aux $\frac{2}{17}$ de F vers G : ce sont les directions primaires au point de vue d'un seul côté ou les 3 lumières fondamentales. L'action retardatrice exercée simultanément des deux côtés ou d'un seul côté devait être fonction de la dynamogénie et de l'inhibition exercées par les lumières dans ces conditions. En général, ce sont les lumières moyennement dynamogènes, projetées à droite, qui retardent le moins la croissance : on pouvait le prévoir.

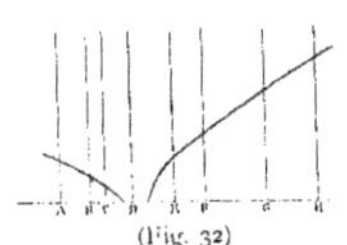
(Fig. 32)

D'après MM. Paul Bert et Régnard, les régions du spectre solaire les plus actives pour le verdoiement de la chlorophylle, sont d'abord le rouge au voisinage de la raie B, puis l'indigo entre les lignes F et G ; la région verte exerce moins d'influence sur le verdoiement; les tiges d'orge qui avaient servi à l'expérience, se sont trouvées là notablement moins élevées que partout ailleurs. Les variations de mouvement des sensitives seraient soumises aux mêmes lois (1).

40. Critique des expériences. — Les expériences directes sur les animaux sont assez contradictoires ; il n'y a pas lieu de s'en étonner; l'état physiologique des sujets d'expérience, leurs milieux normaux, la durée des expériences, introduisent autant de variables.

Engelmann (2) a choisi trois sortes de sujets : des navicules qui présentent des échanges gazeux sans sensation, des *paramecium bursaria*, où il y a modification des échanges gazeux avec sensation, des englènes qui perçoivent. Voici les faits observés : lorsqu'une navicule dans l'obscurité et sous le couvre-objet, était, par suite du manque d'oxygène, arrivée depuis peu au repos, elle reprenait au bout de quelques secondes ses mouvements, quand on la plaçait dans la partie rouge du microspectre de la lumière du gaz; amenée dans le vert ou dans le violet, elle s'arrêtait de nouveau, pour ne recommencer à se mouvoir qu'après un élargissement considérable de la fente lumineuse. La largeur de la fente devait être plus grande pour le violet que pour le bleu, et plus grande pour le bleu que pour le vert. Le retour de la lumière rouge produisait le même effet que l'élargissement de la fente. La partie extrême du rouge visible en avant de B agissait beaucoup plus faiblement que le rouge entre B et C. L'ultra-rouge et l'ultra-violet se montraient complètement inactifs. Ces relations avec la longueur d'onde sont exactement les mêmes que celles du dégagement d'oxygène chez les naviculacées. Ce dégagement n'a également lieu que dans la partie visible du spectre ; sa valeur relative (en centièmes de la valeur maximum correspondant au rouge entre B et C) était en moyenne dans le spectre de la même flamme de gaz :

Rouge extrême	(A)	... ...	22, 7.
Vert	(E $\frac{1}{2}$ b)	... ...	14, 1.
Bleu	F	... ...	6, 9.
Violet	G	... ...	1, 2.

Les *paramecium bursaria*, si la tension de l'oxygène est diminuée notablement, nagent avec inquiétude; si on les éclaire fortement pendant quelques minutes avec la lumière blanche ou rouge, ils peuvent redevenir tranquilles : l'obscurité leur est désagréable. Du bleu et du vert dans la lumière du gaz, ils se portent vers le rouge, de préférence vers le rouge d'environ 0μ,65 — 0μ,70 de longueur d'onde B à C de Fraunhofer. Dans toute autre lumière de longueur d'onde plus grande ou plus petite, ils sont inquiets; l'ultra-rouge et l'ultra-violet produisent le même effet que l'obscurité; le violet agit plus faiblement que le bleu (F), le bleu à peine plus faiblement (plus fortement dans le microspectre de la lumière solaire) que le vert (E $\frac{1}{2}$ b); le jaune et l'orangé, de même que le rouge visible extrême, ont aussi une action beaucoup plus faible que le rouge entre B et C. Les paramécies, en cas de disette extrême de l'oxygène, en produisent sous l'influence de la lumière ; la disette, comme une tension très forte de ce gaz, rend les paramécies très inquiètes; alors elles fuient la lumière: ici apparait la fatigue.

1. *Société de Biologie*, 1881, page 38.

2. *Archives néerlandaises des sciences naturelles*, tome XVII, page 417.

Les englènes rebroussent quelquefois chemin à la limite de l'obscurité et du vert, la plupart à la limite du violet (1) ; en voici la répartition dans les diverses régions du spectre :

RÉGIONS DU SPECTRE	NOMBRES DES INDIVIDUS
A — C $\frac{3}{4}$ D	2
C $\frac{3}{4}$ D — D $\frac{5}{6}$ E	0
D $\frac{5}{6}$ E — *b* $\frac{5}{6}$ F	16
b $\frac{5}{6}$ F — F $\frac{4}{7}$ G	100
F $\frac{4}{7}$ G — G	24
G — G $\frac{1}{2}$ H	3

M. Paul Bert a constaté que, si dans une cuve à glaces parallèles on projette à la fois tous les rayons du spectre, les daphnées-puces se groupent dans les régions du spectre de l'orangé au vert (2).

M. Béclard (3) trouve que les vers les plus développés sont répartis dans le rayon violet et dans le rayon bleu, puis dans le rouge, le jaune, le blanc ; les moins développés dans le rayon vert. Il faut tenir compte ici du milieu obscur dans lequel se développent ces animaux, et se garder de tirer de ces expériences aucune conclusion. Le même physiologiste constate que, dans le rayon vert, un même poids de grenouilles produit dans le même temps une quantité d'acide carbonique plus considérable que dans le rayon rouge : le résultat change, si on enlève la peau aux grenouilles.

On sait que l'érythème, dit coup de soleil, produit également par l'arc voltaïque, paraît être le résultat de l'action inhibitoire de la portion violette et ultra-violette du spectre, puisque les écrans en verre d'urane qui absorbent presque toute la partie la plus réfrangible préservent les yeux des opérateurs (4).

M. le Dr Féré a cherché à enregistrer directement au dynamomètre sur des hystériques les variations de réaction suivant les couleurs, en présentant à ces sujets soit des écrans colorés, soit des verres colorés. Il range les couleurs dans l'ordre suivant au point de vue de la dynamogénie : 1° rouge, 2° orangé, 3° vert, 4° jaune et bleu, 5° violet. Cette confusion du jaune et du bleu, et la supériorité du vert sur le jaune s'expliquent bien par l'extrême puissance du contraste chez des sujets aussi sensibles ; le jaune et le bleu complémentaires s'appellent l'un l'autre ; le vert évoque sa complémentaire rouge, de sorte que ces sujets réagissent plus en présence du vert qu'en présence du jaune et autant en présence du jaune qu'en présence du bleu : nouvel exemple de l'extrême prudence qu'il convient d'apporter dans la généralisation de résultats obtenus sur ces sujets (5).

LE RYTHME ET LA MESURE.

---

41. Différences des perceptions visuelles en fonction les unes des autres ; théorie de l'éclairage. — Le rythme et la mesure dans les sensations de lumière, de couleur et de forme se déduisent facilement de la théorie générale. On a vu (§ 18) que toute couleur est perçue comme lumière brute incolore, quand son intensité est au minimum, comme couleur nettement définie pour une intensité plus grande, constante pour une même couleur ; le point de saturation de chaque couleur se projette à la moitié du rayon coloré dans le cercle chromatique (§ 19).

M. Charpentier (6) a observé que, si on prend comme unité d'intensité des couleurs l'intensité nécessaire et suffisante pour permettre une reconnaissance nette de chacune d'elles (cette intensité, appelons-la intensité chromatique), on trouve pour toutes les couleurs saturées, à égale intensité chromatique, une même perception des différences de clarté. Si on prend pour unité d'intensité visuelle l'intensité nécessaire et suffisante pour distinguer nettement dans l'obscurité plusieurs points colorés égaux et voisins, on trouve également que, pour une égale intensité visuelle, la perception des différences de clarté est la même dans toutes les couleurs. Ces résultats se déduisent immédiatement de ce fait qu'un exercice égal de la sensibilité chromatique et de l'acuité visuelle correspond à des réalisations de changement de direction identiques, ou à des constructions nécessitant des nombres égaux de cycles continus : mais chacun de ces cycles correspond à la sensation de blanc ; la variation de la perception des différences de clarté ou la dynamogénie

1. *Pflüger's Archiv*, XXX, 1882, pages 95, 124.
2. *Société de Biologie*, tome I de la 5e série, page 249 ; tome III, page 70.
3. *Comptes rendus des séances de l'Académie des sciences*, 1858, tome XLVI, page 441.
4. Becquerel, *La lumière*, tome II, page 300. — Les expériences sont dues à Despretz, *Comptes rendus des séances de l'Académie des sciences*, tome XXIX, page 712.
5. *Société de Biologie*, 1885. *Revue philosophique*, octobre 1885.
6. *Comptes rendus des séances de l'Académie des sciences*, tome XCVIII, 1884, page 1290.

de la sensation lumineuse est donc nulle. La dischromatopsie est de l'inhibition que le cercle chromatique permet d'estimer exactement et qu'on pourra s'efforcer de résoudre par des excitations rythmiques appropriées. Je reviendrai sur ce sujet dans d'ultérieures publications.

M. Charpentier a démontré, pour les éclairages faibles [1] aussi bien que pour des éclairages forts [2], l'inexactitude de la loi classique d'après laquelle la fraction différentielle, c'est-à-dire le rapport de l'éclairement supplémentaire de l'objet à l'éclairement du fond pour un minimum de différence perceptible, serait une quantité constante, quelle que fût l'intensité lumineuse absolue. Déjà Aubert avait vu la prétendue constante différentielle varier dans une expérience de $\frac{1}{164}$ à $\frac{1}{35}$ pour le même observateur. Étudiant l'influence de l'étendue des objets sur la perception des différences d'intensité lumineuse, M. Charpentier la trouve considérable, surtout quand les objets sont très petits ; pour des angles visuels inférieurs à 0°50 la fraction différentielle paraît être inversement proportionnelle au diamètre de l'objet à distinguer ; l'influence de l'étendue est moindre, mais dans le même sens que ci-dessus quand les objets sont plus grands ; ces faits ont été expliqués (§ 23). Beaucoup d'expériences peuvent s'exprimer par cette proposition : la fraction différentielle est inversement proportionnelle à la racine carrée de l'intensité du fond lumineux. « D'autres expériences s'écartent plus ou moins de ce cas assez général, dit M. Charpentier, sans que j'aie pu en saisir exactement la cause ; mais l'abaissement de l'éclairage agit dans le sens indiqué. » En combinant ces deux conditions, objet très petit, éclairage très faible, M. Charpentier a pu confondre avec le fond un petit point lumineux ($0^{m},0005$ de diamètre) près de dix fois plus éclairé.

La théorie de la dynamogénie et de l'inhibition laissait prévoir ces variations. L'intensité de la lumière est la force vive développée, donc proportionnelle au carré de la vitesse. Il est certain qu'en comparant par un instrument comme le bolomètre de Langley les chiffres obtenus pour les variations d'intensité du fond lumineux (variations d'excitation) avec les points de repère rythmiques ou non qui expriment les degrés de continuité du minimum perceptible de travail (§§ 15 et 17 fin), on trouvera l'explication des anomalies précitées ; dans la pratique l'important problème d'un éclairage rationnel sera résolu. Plus de lumière n'éclaire pas nécessairement plus.

42. Lois du mouvement des yeux déduites des schèmes d'orientation des mouvements ; harmonies de formes. — Appelons, avec M. de Helmholtz [3], *ligne de regard* une ligne droite peu différente de la *ligne visuelle* allant du point de fixation au centre de rotation de l'œil ; *position primaire de la ligne de regard* une position telle que l'œil n'exécute aucun mouvement de torsion, lorsqu'il s'en écarte par un mouvement soit ascensionnel, soit latéral ; et *direction primaire du plan de regard* la direction du plan de regard qui passe par les directions primaires des deux lignes de regard ; on peut résumer ainsi les lois des mouvements de l'œil :

Lorsque le plan de regard est dirigé en haut, les déplacements latéraux à droite font tourner l'œil à gauche et les déplacements latéraux vers la gauche le font tourner à droite.

Lorsque le plan de regard est abaissé, les déplacements latéraux à droite sont accompagnés de torsion à droite et réciproquement.

On vérifie facilement ces faits en se servant des images accidentelles. On se place en face d'un mur dont la tenture gris pâle présente des lignes horizontales et verticales ; on tend en face de l'œil un ruban noir ou coloré de trois pieds de long ; si après avoir fixé invariablement pendant quelques secondes le milieu du ruban, on dirige brusquement le regard sans déplacer la tête sur une autre partie de la muraille, on y voit une image accidentelle du ruban. Lorsque la position de la tête est convenable, et qu'on regarde *directement en haut*, *en bas*, *à droite* ou *à gauche*, le ruban *horizontal*, l'image accidentelle se confond avec les lignes horizontales de la tenture ; mais lorsqu'on porte le regard *en haut et à droite* ou *en bas et à gauche*, l'image tourne vers la *gauche*, c'est-à-dire que son extrémité gauche est plus bas que l'autre en comparaison des lignes horizontales de la tenture ; lorsqu'au contraire on regarde *à gauche et en haut* ou *à droite et en bas*, l'image accidentelle est un peu tournée *à droite* : son extrémité droite est plus bas que la gauche. Le sens de ces rotations est exactement le même pour les deux yeux. Si l'on tend le ruban *verticalement* et que l'on compare de la même manière son image accidentelle avec les lignes verticales de la tenture, en regardant *à droite et en haut* ou *à gauche et en bas* l'image accidentelle ne paraît pas tourner vers la gauche, mais bien vers la droite [4].

Puisque à partir de la position primaire, dans l'élévation ou l'abaissement obliques du regard, les images accidentelles des lignes verticales paraissent subir par rapport aux lignes verticales de la tenture une rotation en sens contraire de celle des images horizontales, il doit exister pour chaque mouvement de l'œil une direction intermédiaire où l'image accidentelle est parallèle à son objet ; de sorte que, *lorsque la ligne de regard passe de sa position primaire à une position quelconque, l'angle de torsion de l'œil dans cette position est le même que si l'œil était venu dans cette position en tournant autour d'un axe fixe perpendiculaire à la première et à la seconde position de la ligne de regard.* C'est la loi de Listing qui se déduit facilement des schèmes d'orientation (§ 2).

En effet, on se rappelle que l'image accidentelle ou la réalisation virtuelle de l'horizontale est un mode d'action inhibitoire ; s'il s'exerce dans des directions dynamogènes entre elles, à droite en haut, ou à gauche en bas, sa représentation ne changera évidemment pas ; on aura donc dans ce cas l'orientation inhibitoire, c'est-à-dire le schème fig. 6 ; l'image accidentelle aura son extrémité gauche plus bas que l'autre. Si ce mode d'action s'exerce dans des directions inhibitoires entre elles, à gauche en haut ou à droite en bas, ce mode d'action étant inhibitoire, sa représentation sera par là même dynamogène pour un état inhibitoire, puisqu'il y aura continuité d'action entre les deux états ; on aura dans ce cas l'orientation dynamogène ; c'est-à-dire le schème fig. 5 ; l'image accidentelle aura son extrémité droite plus bas que la gauche. L'image accidentelle ou la réalisation virtuelle de la verticale est un mode d'action dynamogène ; s'il s'exerce dans des directions dynamogènes entre elles, à droite en haut ou à gauche en bas, il suivra l'orientation dynamogène ; l'image accidentelle aura son extrémité gauche plus haute que son extrémité droite ; dans une direction inhibitoire, le contraire aura lieu.

Ce sont ces mouvements de l'œil qui, aidés de la vision indirecte simultanée, rendent possibles les mensurations dans le champ du regard. En général, un point éclairé quelconque est réalisé à l'entrecroisement des directions visuelles droite et gauche ; dans des cas particuliers, qui pour être énoncés exigeraient des développements d'optique, deux points situés l'un sur la direction droite, l'autre sur

1. *Comptes rendus des séances de l'Académie des sciences*, 1883, tome XCIV, page 1373.
2. *Comptes rendus des séances de l'Académie des sciences*, 1885, tome C, page 361.
3. *Optique physiologique*, pages 602 et suiv.
4. On voit facilement que les images accidentelles d'une ligne horizontale ou d'une ligne verticale passant par un point se confondent avec des hyperboles horizontales ou verticales dont les axes transverses et non transverses se coupent perpendiculairement en ce point.

la direction gauche pourront être ramenés de leur entre-croisement virtuel d'avant en arrière et fusionnés en un seul point au milieu de leur intervalle primitif. La continuité et la discontinuité d'un système de points sont réalisées telles suivant la continuité et la discontinuité des impressions lumineuses simultanées. Comme le fait observer M. de Helmholtz, la rétine est un compas dont on place successivement les pointes aux extrémités de lignes différentes, pour voir si elles sont ou non de même longueur ; l'identité ou la non-identité des points rétiniens atteints par les images ou les discontinuités lumineuses, nous renseigne sur l'identité ou la non-identité des lignes. La seule différence est que, si nous pouvons placer arbitrairement la ligne qui joint les deux pointes du compas, nous ne pouvons en faire autant pour la ligne de jonction de deux points rétiniens qu'en exécutant des mouvements de la tête qui dérangent toute la perspective ; il n'y a qu'une série de lignes qui jouissent de la propriété de pouvoir glisser instantanément sur elles-mêmes et de coïncider en toutes leurs parties ; ce sont les *cercles* dits *de direction* qui passent par les positions de la ligne du regard et un point opposé de la position primaire, dit le *point occipital* du champ du regard ; ces cercles jouent dans les mensurations visuelles le rôle de règles.

Lorsque le nombre qui exprime combien de fois un changement de direction est contenu dans le cycle est rythmique, ce changement de direction est rythmique; lorsque le nombre exprimant combien de fois l'intervalle de deux arrêts contient l'intervalle adopté pour unité est rythmique, ce rapport est rythmique. Une forme quelconque est caractérisée par des changements de direction et des arrêts sur ces directions ; une forme quelconque pourra donc être marquée par des nombres exprimant le rythme et la mesure, positifs si le changement ou la continuité a lieu dans le sens normal de projection des formes, négatifs si le changement ou la continuité de la direction a lieu dans le sens contraire. Les différences finales des rythmes et des mesures et la différence du rythme final par rapport à la mesure finale doivent être rythmiques. Pour l'application et des développements, je renvoie à la notice sur mon *Rapporteur esthétique*.

43. Harmonies de couleurs.— On a vu que les préférences pour telle ou telle combinaison de directions sont liées à l'état de la force chez l'observateur et que ces préférences peuvent éclairer l'état normal ou pathologique. Il en est de même pour les combinaisons de couleurs, puisque ces combinaisons correspondent à des combinaisons de directions. C'est pourquoi il est impossible de décider par l'expérience quelles sont les combinaisons dynamogènes, quelles sont les combinaisons inhibitoires. C'est la conséquence d'une erreur de méthode de distinguer, avec Brücke, trois catégories de combinaisons chromatiques : 1° les bonnes, 2° les mauvaises, 3° les douteuses. Il n'y a que des combinaisons bonnes, plus ou moins complexes, celles qui paraissent moins bonnes étant capables de devenir bonnes par le temps et les combinaisons décidément mauvaises.

En général, et toutes autres conditions satisfaites, sont dynamogènes les combinaisons de pigments distantes sur le cercle chromatique d'une section de la circonférence exprimée par un nombre des formes 2^n, $2^n + 1$ premier ou de leur produit, ou les combinaisons de teintes dont les distances sur le rayon du cercle chromatique sont exprimées par des nombres, des rapports et des proportions conformes à la théorie de la mesure.

On pourra vérifier les rythmes et les mesures les plus simples, en faisant tourner sur le schème du cercle chromatique publié ci-après un écran circulaire, convenablement découpé par le rapporteur esthétique en des petites fentes à partir de la seconde moitié du rayon (¹) : les discordances des intervalles marqués par le $\frac{1}{7}$, le $\frac{1}{9}$, le $\frac{1}{11}$, le $\frac{1}{13}$, le $\frac{1}{14}$ de la circonférence sur le schème ci-après sont très appréciables par rapport aux accords marqués par le $\frac{1}{4}$, le $\frac{1}{8}$, le $\frac{1}{10}$, le $\frac{1}{12}$, le $\frac{1}{15}$, le $\frac{1}{16}$, le $\frac{1}{17}$.

Réciproquement, si on veut apprécier la valeur de la juxtaposition de deux teintes, on cherchera dans le cercle les teintes les plus approchées : on évaluera par le rapporteur esthétique leur intervalle, on appréciera la mesure par le rapport des distances de chacune sur le rayon : les nombres marqués par la section de circonférence et le rapport doivent être rythmiques ; s'ils ne sont pas rythmiques, ces nombres devront être résolus par une nouvelle section et un nouveau rapport.

Les harmonies de couleurs-lumières sont soumises à des lois différentes : réductibles par la formule connue à des nombres de vibrations, les couleurs-lumières suivent les lois des harmonies vibratoires, en particulier celles des sons, évidemment dans les limites où elles sont perçues comme différentes. On trouvera § 47 l'origine de la gamme appelée si justement chromatique et § 50 les lois des successions mélodiques et harmoniques. L'oscillation autour d'un centre, quelque soit l'objet, ne peut être réalisée par l'être vivant que comme un cycle soumis en conséquence à la forme $\frac{3}{2}$: les rapports des nombres de vibrations dans le même temps sont donnés par les exposants des puissances de $\frac{3}{2}$ ramenées à la même octave. La table suivante permettra de constituer les harmonies vibratoires et, en général, toutes les harmonies d'excitants relativement discontinus (§ 15).

1. M. Alfred Knecht, relieur, rue de Seine, 40, à Paris, a découpé pour moi des écrans qui présentent facilement les teintes complémentaires et harmoniques.

TABLE DES PUISSANCES $\left(\frac{3}{2}\right)^{\pm\frac{m}{n}} < 2$ $(m, n = 1, 2, 3, \dots 12)$;

calculée par M. Bronislas Zebrowski (1).

EXPOSANTS.	NOMBRES.	RÉDUCTION A L'OCTAVE.	EXPOSANTS.	NOMBRES.	RÉDUCTION A L'OCTAVE.
1	1,5	1,5	— 1	0,66666	1,332
2	2,25	1,125	— 2	0,44444	1,777
3	3,375	1,687	— 3	0,296296	1,185
4	5,0625	1,266	— 4	0,197531	1,580
5	7,59375	1,898	— 5	0,131687	1,053
6	11,390625	1,423	— 6	0,087791	1,403
7	17,0859375	1,067	— 7	0,058527	1,872
8	25,62890625	1,601	— 8	0,039018	1,267
9	38,443359375	1,201	— 9	0,026012	1,664
10	57,6650390625	1,802	— 10	0,017341	1,067
11	86,49755859375	1,351	— 11	0,011561	1,472
12	129,746337890625	1,0136	— 12	0,007707	1,973
1/2	1,22474		— 1/2	0,816497*	1,633
1/3	1,14471		— 1/3	0,873581*	1,747
1/4	1,10668		— 1/4	0,903602	1,806
1/5	1,08447		— 1/5	0,922108	1,844
1/6	1,06991		— 1/6	0,934655	1,868
1/7	1,05963		— 1/7	0,943722	1,887
1/8	1,05199		— 1/8	0,950580	1,901
1/9	1,04608		— 1/9	0,955048	1,910
1/10	1,04138*		— 1/10	0,960265*	1,921
1/11	1,03755*		— 1/11	0,963811	1,927
1/12	1,03436		— 1/12	0,966776	1,933
3/2	1,83712*		— 3/2	0,544331	1,088
5/2	2,75568*	1,377	— 5/2	0,362887	1,448
7/2	4,13351	1,033	— 7/2	0,241925	1,935
9/2	6,20027	1,550	— 9/2	0,161283	1,289
11/2	9,30041*	1,162	— 11/2	0,107522	1,720
1/3	1,14472		— 1/3	0,873580	1,747
2/3	1,31037		— 2/3	0,763143	1,526
4/3	1,71707		— 4/3	0,582387*	1,165
5/3	1,96555		— 5/3	0,508762	1,018
7/3	2,57561	1,287	— 7/3	0,388258	1,553
8/3	2,94833	1,474	— 8/3	0,339175*	1,357
10/3	3,86341	1,931	— 10/3	0,258839*	1,035
11/3	4,42250	1,105	— 11/3	0,226116*	1,809
1/4	1,10572		— 1/4	0,903602	1,806
3/4	1,35540		— 3/4	0,737788	1,476
5/4	1,66002		— 5/4	0,602401	1,205
7/4	2,03310	1,016	— 7/4	0,491859*	1,967
9/4	2,49003	1,245	— 9/4	0,401601	1,606
11/4	3,04976	1,524	— 11/4	0,327906*	1,312
1/5	1,08447		— 1/5	0,922108	1,844
2/5	1,17608		— 2/5	0,850283	1,701
3/5	1,27542		— 3/5	0,784053*	1,568
4/5	1,38316		— 4/5	0,722982*	1,446
6/5	1,62671		— 6/5	0,614739	1,228
7/5	1,76412		— 7/5	0,566856*	1,134

EXPOSANTS.	NOMBRES.	RÉDUCTION A L'OCTAVE.	EXPOSANTS.	NOMBRES.	RÉDUCTION A L'OCTAVE.
8/5	1,91314		— 8/5	0,522702	1,045
9/5	2,07474	1,037	— 9/5	0,481988*	1,928
11/5	2,44006	1,220	— 11/5	0,409826	1,639
1/6	1,06991		— 1/6	0,934655	1,868
5/6	1,40198		— 5/6	0,713276*	1,427
7/6	1,60487		— 7/6	0,623104*	1,246
11/6	2,10297	1,051	— 11/6	0,475517	1,902
1/7	1,05963		— 1/7	0,943722	1,887
2/7	1,12282		— 2/7	0,890611	1,781
3/7	1,18978		— 3/7	0,840489	1,682
4/7	1,26073		— 4/7	0,793188	1,586
5/7	1,33592		— 5/7	0,748549	1,497
6/7	1,41558		— 6/7	0,706423*	1,413
8/7	1,58945		— 8/7	0,629148	1,258
9/7	1,68424		— 9/7	0,593741	1,187
10/7	1,78467		— 10/7	0,560326	1,021
11/7	1,89110		— 11/7	0,528792	1,058
12/7	2,00388*	1,002*	— 12/7	0,499033*	1,996
1/8	1,05199		— 1/8	0,950580	1,901
3/8	1,16422		— 3/8	0,858946*	1,718
5/8	1,28842		— 5/8	0,776145	1,552
7/8	1,42587		— 7/8	0,701327*	1,403
9/8	1,57798		— 9/8	0,653720	1,207
11/8	1,74632		— 11/8	0,572631*	1,045
2/9	1,09420		— 2/9	0,913847*	1,828
4/9	1,19746		— 4/9	0,835098*	1,670
5/9	1,25261		— 5/9	0,798310*	1,597
7/9	1,37075		— 7/9	0,729525*	1,459
8/9	1,43392		— 8/9	0,697388*	1,395
10/9	1,56912		— 10/9	0,637299*	1,275
11/9	1,64143		— 11/9	0,609234	1,218
3/10	1,12935		— 3/10	0,885467	1,771
7/10	1,32830		— 7/10	0,752898	1,506
9/10	1,44039		— 9/10	0,694253	1,389
11/10	1,56307		— 11/10	0,640176	1,280
2/11	1,07651		— 2/11	0,928932*	1,858
3/11	1,11593		— 3/11	0,895313	1,791
4/11	1,15886		— 4/11	0,862913*	1,726
5/11	1,20238		— 5/11	0,831684	1,663
6/11	1,24753		— 6/11	0,801586	1,603
7/11	1,29437		— 7/11	0,772577	1,545
8/11	1,34297		— 8/11	0,744618	1,489
9/11	1,39339		— 9/11	0,717671*	1,435
10/11	1,44572		— 10/11	0,691697	1,383
5/12	1,18405		— 5/12	0,844555	1,689
7/12	1,26683		— 7/12	0,789370	1,579
11/12	1,45016		— 11/12	0,689579*	1,379

1. Les astérisques (*) marquent les nombres augmentés de l'unité.

V.

LA SENSATION AUDITIVE.

LES DIRECTIONS.

---

44. Différences de la sensation visuelle et de la sensation auditive. — Tandis que la sensation visuelle parfaite est simultanément triple : lumineuse, chromatique, schématique, la sensation auditive est simple. Complexe, l'unité visuelle apparaît sous la forme d'un grand cycle, réaction discontinue des deux côtés ; simple, l'unité auditive apparaît sous la forme d'un petit cycle continu : donc chaque variation d'excitation se marque d'abord par une variation dans le nombre des circonférences exécutées pour venir se projeter ensuite en changements de direction d'un cycle relativement discontinu. La sensation visuelle se projette sur un cycle orienté de droite à gauche en haut (fig. 6), la sensation auditive se projette normalement sur un cycle orienté de gauche à droite en haut, car la sensation visuelle est un arrêt dans l'espace qui se projette sur la fig. 5 par suite de la continuité de sa représentation ; la sensation auditive est un instant du temps. De là une différence dans les conditions de la dynamogénie : tandis que la dynamogénie de chaque couleur est corrélative de sa longueur d'onde et par conséquent inverse du nombre de vibrations dans l'unité de temps, la dynamogénie de chaque son est corrélative du nombre de vibrations dans l'unité de temps ou du nombre des instants considérés simultanément (§ 8, page 11) : les sons aigus sont donc, comme le prouvent les expériences classiques avec la sirène, relativement dynamogènes ; les sons graves relativement inhibitoires : en effet, les sons aigus nous apparaissent comme hauts ; les sons graves nous apparaissent comme bas : ce sont les directions du travail intérieur.

Par une illusion, dont j'ai essayé d'expliquer le mécanisme, les Grecs avaient l'association contraire [1] ; ils considéraient les sons *graves* comme *hauts*, les sons *aigus* comme *bas*. Si l'on observe que la note d'un corps sonore qui s'éloigne paraît devenir grave et que la note d'un corps sonore qui se rapproche paraît devenir aiguë, si l'on observe que cet éloignement ou ce rapprochement du corps ne peut se représenter que par des directions centrifuge ou centripète, que ces directions sont dynamogènes ou inhibitoires comme les directions de bas en haut ou de haut en bas, avec lesquelles elles sont d'ailleurs simultanées, on s'expliquera que, dans ces conditions, un son grave sera projeté en haut et qu'un son aigu sera projeté en bas : pour avoir généralisé le fait, les Grecs ont témoigné seulement du caractère plus objectif de leurs représentations. Et cela paraît bien naturel quand on note que la puissance des représentations extérieures (gestes, cris, attitudes) est rigoureusement inverse de la complexité des représentations intérieures : le progrès de la complexité psychique de l'humanité étant évident, cette évolution de la sensation ne peut être que générale.

45. Intervalles musicaux. — Subjectivement l'intervalle de deux sons étant le nombre de circonférences continues par lesquelles l'être vivant représente le rapport du second au premier dans l'unité de temps, c'est-à-dire dans un cycle discontinu (§§ 8 et 43), chaque cycle apparaissant sous la forme $\frac{3}{2}$, le degré de continuité de l'unité étant marqué par l'exposant de la puissance de cette unité (§§ 5 et 6, pages 8 et 9), l'intervalle de deux sons est l'exposant n positif ou négatif de $\frac{3}{2}$, ce qui revient à une section en n parties égales du grand cycle résultant de la résolution de l'entrelacs des n circonférences ; la perception de cet intervalle est la réalisation du changement de direction correspondant. La quinte étant représentée par le rapport $\frac{3}{2}$ des nombres de vibrations doit donc être considérée comme l'unité du système musical, et les autres intervalles doivent être exprimés par des puissances positives ou négatives de $\frac{3}{2}$; c'est ainsi que la théorie pythagoricienne est justifiée par une déduction directe de la forme des représentations ou de l'arithmétique naturelle de l'être vivant en fonction du temps : ce qui était le problème à résoudre [2]. D'autre part, tout cycle continu virtuel est soumis

1. Loi d'évolution de la sensation musicale. (*Revue philosophique*, Juillet 1886.)

2. Une conséquence pratique de cette détermination définitive est la nécessité d'adopter le diapason donnant au *la* 864 et non 870 vibrations, si l'on admet pour unité ou minimum perceptible un nombre de vibrations qui soit une puissance de 2 (§ 48).

Comme le fait observer M. Croegaert dans un mémoire présenté au Congrès d'Anvers, 1885, c'est le diapason de 864 vibrations qui a été adopté le plus souvent :

	ut	ré	mi	fa	sol	la	si	ut
Gamme attribuée à *Pythagore*.	512	576	648	682 2/3	768	864	972	1024
Gamme dite des *Physiciens*	512	576	640	682 2/3	768	853 1/3	960	1024
Gamme de *M. Delezenne*.*	512	568 8/9	640	682 2/3	768	853 1/3	960	1024
Gamme de *F. A. Renaud*** reproduite par *B. Grassi Landi****	512	576	640	672	768	864	960	1024
Gamme de *Ch. Meerens***** reproduite par *A. Montanelli******	512	576	640	691 1/5	768	864	960	1024
Gamme de *H. Wronski*	512	576	640	682 2/3	768	864	967	1024

Voici, d'après M. A. Montanelli, les hauteurs des diapasons dans les principaux orchestres de l'Europe : 864 à Milan et à Pesare ; 868 à Londres (N° 1), 870 à Naples, à Paris et à Pétersbourg ; 880 à Londres (N° 2) et à Florence ; 883 à Dresde ; 886 à Stuttgard ; 887 à Brunswick ; 889,5 à Turin ; 892 à Pesth ; 896,2 à Monaco ; 897,5 à Leipzig ; 899,5 à Berlin ; 900 à Rome ; 900,6 à Milan ; 903 à Prague ; 905 à Londres (N° 3) ; 911 à Bruxelles (avant 1885). On sait (et ceci pouvait se déduire des considérations du § 44) que la tendance à hausser le diapason a toujours prévalu dans les orchestres.

Le diapason de 870 a été choisi par la commission française de 1858, parce qu'il était le *moins aigu* de tous les spécimens soumis à son examen.

* Cette gamme répond aux valeurs : ut - ré - mi - fa - sol - la - si - ut.
1 10/9 5/4 4/3 3/2 5/3 15/8 2/1

(Delezenne, *Table de logarithmes acoustiques depuis 1 jusqu'à 1200*. Lille, Danel, 1857.)

** La gamme où le quatrième degré *fa* et, par suite, le sixième *la* sont déterminés d'après la valeur qu'ils prennent dans l'accord dissonant de dominante, *sol-si-ré-fa-(sol)-la*, tiré des harmoniques, est ainsi évaluée : ut - ré - mi - fa - sol - la - si - ut.
1 9/8 5/4 21/16 3/2 27/16 15/8 2/1

(F. A. Renaud, *Étude sur les diverses interprétations ou évaluations de la gamme diatonique majeure*, Paris, Hatou, 1871, page 33.)

*** B. Grassi Landi, *L'armonia dei suoni*, Roma, Tipografia Vaticana, 1885, page 105.

**** « La vraie valeur du 4e degré est 27/20. » (Ch. Meerens, *Mémoire sur le diapason adressé à l'Institut national de Genève*, Schott, 1877, page 13.)

***** A. Montanelli, *La riforma del diapason in Italia*, Carrara, Sanguinetti, 1885, page 6.

à la forme de perception 2 (§ 2, page 7); mais ce rapport exprime précisément l'octave; la réduction à l'octave des autres intervalles n'est donc qu'un cas particulier d'une opération générale; son analogue dans les fonctions visuelles est la comparaison des couleurs au blanc et au noir.

46. Origine du tempérament. — Nous savons (§§ 6 et 8) que le nombre 12 est le nombre des sections immédiates de l'unité au point de vue successif. Effectivement, ce que l'on appelle le *tempérament* réduit à 12 le nombre des sons de notre système, si l'on considère comme équivalents les intervalles suivants mis en regard sur la même ligne, suivis chacun de l'exposant positif ou négatif de $\frac{3}{2}$ qui, ramené dans la même octave, marque le nombre des vibrations :

Quinte juste	+	1	Sixte diminuée	—	11
Seconde majeure	+	2	Tierce diminuée	—	10
Sixte majeure	+	3	Septième diminuée	—	9
Tierce majeure	+	4	Quarte diminuée	—	8
Septième majeure	+	5	Octave diminuée	—	7
Quarte majeure	+	6	Quinte mineure	—	6
Demi-ton chromatique	+	7	Seconde mineure	—	5
Quinte augmentée	+	8	Sixte mineure	—	4
Seconde augmentée	+	9	Tierce mineure	—	3
Sixte augmentée	+	10	Septième mineure	—	2
Tierce augmentée	+	11	Quarte juste	—	1

Ces équivalences sont évidemment fonctions de direction : je considère le même point suivant que je le rapporte à la gauche ou à la droite d'un point pris pour origine : or, ce qui importe à l'être vivant est la direction du point. Le tempérament n'a donc pour notre organisation rien d'arbitraire : et il n'est pas indifférent d'adopter tel ou tel tempérament. Puisque le nombre 12 marque le nombre des sections immédiates de l'unité et que le rapport 2 s'impose à cette unité, il est commode d'adopter pour les intervalles successifs une valeur de la forme $(\sqrt[n]{2})^n$, n croissant de 1 à 12. C'est le système du tempérament égal, généralement suivi dans l'accordement des pianos, système évidemment faux subjectivement, puisque, suivant leur sens de projection, les intervalles sont réalisés inégaux. Le rapport $\left(\frac{3}{2}\right)^{12} \cdot 2 \;\; \frac{531441}{524288} \;\; 1{,}0136$, qu'on appelle le *comma pythagorique*, est évidemment le minimum réalisable dans ce procédé de réaction continue immédiate : mais ce *comma* n'a rien d'absolu, suivant la remarque déjà faite pour toutes ces valeurs.

LE CONTRASTE.

---

47. Les gammes. — La constitution de la gamme majeure est le double produit de la considération du contraste successif et de la projection spéciale à la sensation auditive. Si on prend sur le cycle, à partir de a (fig. 33), dans la direction spéciale à la sensation auditive, l'unité, soit $\frac{1}{12}$ de la circonférence, il y a réalisation de la direction complémentaire, soit de $\frac{7}{12}$ ou de l'intervalle chromatique. Si on ordonne suivant leurs grandeurs absolues les intervalles $\frac{2}{12}, \frac{3}{12}, \frac{4}{12}, \frac{5}{12}, \frac{6}{12}$ on trouve les intervalles de seconde $\frac{2}{12}$, de tierce $\frac{4}{12}$, de quarte $\frac{6}{12}$, de sixte $\frac{3}{12}$, de septième $\frac{5}{12}$, c'est-à-dire toutes les valeurs de la gamme majeure, en les ramenant dans la même octave. C'est l'ordre dans lequel apparaissent les différents points de la circonférence au point de vue des minima du contraste successif, c'est-à-dire les points distants de $\frac{1}{6}$ dans les limites des $\frac{7}{12}$. En adoptant pour *tonique* le premier point b, le second, c, marquera la *sus-tonique* ; le 3ᵉ, d, la *médiante* qui effectivement coupe la circonférence en deux ; le 4ᵉ, e, marquera la *sous-dominante* ; le 5ᵉ, f, marquera la *dominante* qui est effectivement le point de contraste maximum avec le point initial, si l'on se place au point de vue simultané, avec le point final, si l'on se place au point de vue successif ; le 6ᵉ, g, marquera la *sus-dominante* ; le 7ᵉ, h, la note *sensible* qui est bien sensible, si l'on observe qu'elle est déjà déterminée virtuellement par la note initiale dont elle est la complémentaire et qu'elle se confond avec elle par suite de l'inhibition impliquée par le nombre 7 (§ 11). (Cette justification de l'intuition des musiciens par la théorie est à noter ; elle n'avait pas encore été accomplie.) Si l'on appelle *ut* la tonique, on a, dans l'ordre des minima de contraste successif, la gamme majeure :

do ré mi fa sol la si ;

au point de vue purement successif les sept notes naturelles ordonnées en quintes :

fa ut sol ré la mi si.

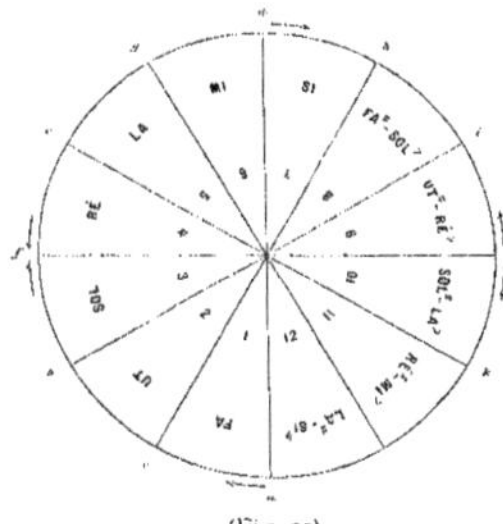

(Fig. 33)

Si j'introduis dans le cycle le point de vue de la réaction discontinue des deux côtés, il se produit en f et en j (fig. 33) deux points neutres ; à la dominante *sol* est substitué *sol*♯, obtenu par la continuité des quintes : je constitue une autre gamme, dont l'origine est restée mystérieuse, la gamme mineure. Si je continue le cycle, *sol*♯ représente la note sensible ; *ré*, la sous-dominante ;

la, la tonique ; *mi*, la dominante ; *si*, la sus-tonique. Mais la sus-dominante ne sera pas *fa*♯, ni la médiante *ut*♯, car ceci équivaudrait à la négation du point de vue des deux côtés : nous aurions simplement une gamme majeure avec *la* pour tonique. Si on observe que la réaction continue des deux côtés est équivalente aux $\frac{5}{6}$ de la réaction d'un seul côté (§ 8), il y aura une discontinuité en *i* et en *h*, points distants de $\frac{1}{6}$ de *k* et *j* ; on aura pour sus-dominante *fa* et pour médiante *ut* ; en rangeant suivant leurs grandeurs absolues ces nouveaux intervalles ou en considérant les différents points au point de vue des minima du contraste successif, à partir de *f*, on aura la gamme mineure :

la si do ré mi fa sol♯ *la*.

Si on introduit après chaque intervalle l'intervalle complémentaire de l'intervalle suivant, on obtient, en allant de droite à gauche à partir du bas, c'est-à-dire suivant la direction normale, la gamme chromatique *ascendante* par *dièses* ; en allant de gauche à droite à partir de la même origine, la gamme chromatique *descendante* par bémols : ordonnant suivant les contrastes minima successifs, on a :

ut ut♯ *ré ré*♯ *mi fa fa*♯ *sol sol*♯ *la la*♯ *si ut*
ut ré♭ *ré mi*♭ *mi fa fa*♯ *sol la*♭ *la si*♭ *si ut*.

48. Limites du système musical et des sons perceptibles. — Si l'on continue les dièses à partir de *si*, on obtient douze notes diésées, dont la dernière est *la* ♯♯ ; si l'on continue les bémols à partir de *fa*, on obtient douze notes bémolisées dont la dernière est *sol*♭♭ : cela produit 24 quintes ; mais les notes naturelles rapprochées par l'identification des complémentaires *si* et *fa* déterminent six quintes : on a ainsi 30 déterminations par une figuration précisément équivalente à la figuration du premier maximum réalisable par la réaction continue des deux côtés (§ 8, page 10). On peut donc considérer le nombre de 30 quintes comme exprimant les limites de la portée d'un système musical, si l'on se place au point de vue élémentaire successif : c'est la portée du système actuel.

La nature évolutive des fonctions de rythme et de contraste nous permet de prévoir, pour les maxima et les minima perceptibles auditifs, des déterminations expérimentales contradictoires. Pour éviter de confondre des sons supérieurs avec le son fondamental et pour avoir des sons graves très persistants, M. de Helmholtz (1) tend, sur une caisse résonnante, une mince corde de piano en laiton chargée en son milieu d'un sou de cuivre qu'elle traverse et fixée au sou par une pointe d'acier enfoncée entre le morceau de cuivre et la corde : la caisse résonnante est munie d'une seule ouverture communiquant avec l'oreille. Dans ces conditions le $ré_{-1}$, de 37 vibrations ne se faisait entendre que très faiblement ; le $si\flat_{-2}$ (31 vibrations) était à peine perceptible. « D'après cela, conclut M. de Helmholtz, on peut bien prétendre que, si la sensation commence à environ 30 vibrations, les sons ne commencent qu'à environ 40 vibrations à prendre une hauteur musicale déterminée. » Mais il est certain que le minimum perceptible est plus bas, si l'intensité des sons est très grande. Savart (2) faisait tourner une barre de fer autour d'un axe horizontal et la disposait de manière qu'elle passât à chaque révolution à travers une fente découpée dans une planche : au moment où elle y entrait, il se faisait une sorte d'explosion et, quand elle tournait assez vite, on entendait, outre des bruits successifs, un son extrêmement grave qui correspondait à 7 ou 8 vibrations. Desprez (3) a objecté à l'expérience de Savart que le son doit provenir d'une autre cause, car si l'on dispose dans l'appareil deux fentes au lieu d'une seule, on ne produit pas de note à l'octave comme cela devrait être. Cependant M. Mach place le minimum plus bas : de 4 à 8 vibrations ; Auerbach admet 20 vibrations (4) ; d'autres un minimum de 16 vibrations. On a trouvé comme minimum perceptible de bruit, le bruit produit par une tranche de liège de 1 mm. d'épaisseur, du poids de 1 milligr. tombant sur une plaque de verre à 91 mm. de distance. Pour les maxima perceptibles, 24000 vibrations est un des nombres trouvés par Savart. Si on étudie avec Desprez des diapasons qui se succèdent par intervalles d'octave, c'est-à-dire continus, on obtiendra des sons de 36000 vibrations. Les nombres de 31000, 32000, 33000, 64000 ont été donnés par le même observateur ; 45000 a été indiqué par M. Kœnigs, 72000 est dû à M. E. Pauchon (5). Ce dernier physicien a bien montré, à l'aide d'une sirène de Cagniard de Latour actionnée par une chaudière à vapeur, que l'intensité du son est une des causes de la variation de la limite de perceptibilité : dans une série d'expériences où cette limite varie de 48000 à 60000 vibrations simples par seconde, la pression dans la boite à vapeur a varié de 0,5 à 2 atmosphères. Il y a évidemment dans toutes ces expériences l'influence des variations rythmiques ou non de l'intensité (§§ 15 et 17).

49. Distinction de la gamme mélodique et de la gamme harmonique. — La théorie du contraste ne détermine pas seulement l'unité du système musical ; elle explique pourquoi on a adopté d'autres unités que la quinte : *a priori*, suivant que le contraste est successif ou simultané, les intervalles adoptés doivent être plus grands ou plus petits (§§ 4 et 5, pages 8 et 9).

De 1869 à 1873 (6), MM. Cornu et Mercadier, en inscrivant continûment et automatiquement les vibrations de sons constituant des fragments de mélodie ou des accords, ont démontré qu'il faut diviser les intervalles musicaux en deux classes, suivant qu'ils sont perçus successivement ou simultanément : 1° ceux de la mélodie, à peu près conformes à la théorie pythagoricienne, qui n'admettent que les facteurs 2 et 3, c'est-à-dire des puissances positives ou négatives de la quinte :

ut	ré	mi	fa	sol	la	si	do
1	$\frac{3^2}{2^3}$	$\frac{3^4}{2^6}$	$\frac{2^2}{3}$	$\frac{3}{2}$	$\frac{3^3}{2^4}$	$\frac{3^5}{2^7}$	2

1. *Théorie physiologique de la musique*, traduction G. Guéroult, pages 225 et suiv.
2. *Annales de Chimie et de Physique*, 2e série, tome XLVII, page 69.
3. *Comptes rendus de l'Académie des sciences*, tome XX, page 1477.
4. Beaunis, *Physiologie*, tome II, page 1096.
5. *Recherches sur la limite de perceptibilité des sons aigus*. (Extrait des mémoires de l'Académie de Montpellier, 1883). Il est regrettable que, suivant une habitude trop répandue, l'auteur n'ait pas publié intégralement son registre d'expériences.
6. *Comptes rendus des séances de l'Académie des sciences*, tome LXVIII, pages 301 et 424 ; tome LXX, page 1168 ; tome LXXIII, page 178 ; tome LXXIV, page 321 ; tome LXXVI, page 431. — *Journal de Physique*, 1872, tome I, page 113.

2° ceux de l'harmonie, à peu près conformes à la théorie de Ptolémée, de Zarlin et de M. de Helmholtz, qui renferment chez ces auteurs les facteurs 2, 3 et 5 :

ut	ré	mi	fa	sol	la	si	ut
1	$\frac{9}{8}$	$\frac{5}{4}$	$\frac{4}{3}$	$\frac{3}{2}$	$\frac{5}{3}$	$\frac{15}{8}$	2

mais qui peuvent également comprendre des nombres premiers supérieurs comme le nombre 7. En effet, dans l'accord de septième de dominante, défini comme formé par un accord parfait auquel on ajoute une tierce mineure, et représenté dans le système acoustique usuel par ces fractions

ut	mi	sol	si♭
1	$\frac{5}{4}$	$\frac{3}{2}$	$\frac{3}{2} \times \frac{6}{5}$

et par les nombres entiers proportionnels 20, 25, 30, 36, il n'y a aucune raison pour dire que la tierce mineure harmonique $\frac{6}{5}$, dont on a reconnu l'exactitude dans l'accord parfait, convienne à la tierce additionnelle. « L'oreille adoptera, écrivent MM. Cornu et Mercadier, pour l'accord, les sons qui formeront un accord sans battements (1) et dont les sons résultants deux à deux ne contiendront aucun son étranger à l'accord. Les sons correspondants aux nombres 4, 5, 6, 7 peuvent seuls satisfaire à ces conditions : en effet, les seuls sons résultants possibles dans un accord donné, ont des nombres de vibrations respectivement égaux aux différences deux à deux des nombres de vibrations des sons primitifs : dans l'accord parfait 1, $\frac{5}{4}$, $\frac{3}{2}$ ou 4, 5, 6 les 3 sons résultants possibles correspondent donc aux nombres 6—5=1 5—4=1, 6—4=2, c'est-à-dire à des octaves graves du son fondamental 4. L'adjonction du son correspondant au nombre 7 ajoute 3 nouveaux sons résultants possibles : 7—6=1, 7—5=2, 7—4=3 ; octaves et quinte du son fondamental, qui ne peuvent qu'augmenter la sonorité de l'accord. On voit qu'il n'en saurait être de même pour l'accord caractérisé par les nombres 20, 25, 30, 36, ou, ce qui revient au même, 4, 5, 6, 7, 2, dont le dernier n'est pas entier, et généralement pour tout accord analogue où le 4e nombre serait égal à 7 + ε. » Il faut donc admettre pour la tierce mineure harmonique au moins les 2 valeurs $\frac{6}{5}$ et $\frac{7}{6}$.

Voici, en fractions décimales, les tableaux des valeurs obtenues par l'expérience (2) :

Gamme majeure.

	ut	ré	mi	fa	sol	la	si	ut
Moyenne des expériences (mélodie)	1	1,128	1,265	1,330	1,500	1,686	1,917	"
Intervalle pythagoricien	1	1,125	1,266	1,333	1,500	1,687	1,898	2,000
Intervalle de Zarlin	1	1,125	1,250	1,333	1,500	1,666	1,875	2,000
Valeurs du comma		0,014	0,016	0,017	0,019	0,021	0,024	0,025

Gamme mineure.

	la	si	do	ré	mi	fa	sol♯	la
Moyenne des expériences (mélodie)	1	1,124	1,186	1,334	1,501	1,582	1,901	2,002
Intervalle pythagoricien	1	1,125	1,185	1,333	1,500	1,580	1,898	2,000
Intervalle de Zarlin	1	1,125	1,200	1,350	1,500	1,600	1,875	2,000
Valeurs du comma		0,014	0,015	0,017	0,019	0,020	0,024	0,025

Le système pythagoricien diffère du système de Zarlin : 1° par les intervalles de tierce majeure, + 4, de sixte majeure, + 3, et de septième majeure, + 5, plus grands d'un comma dans le premier que dans le second ; 2° par les intervalles de tierce mineure, —3, alternativement plus grands ou plus petits, de quarte mineure, —1, et de sixte mineure, —4, plus petits dans la gamme de Pythagore que dans celle de Zarlin.

Les divergences peuvent au fond se ramener à celle qui existe sur la tierce majeure, car il y a précisément une différence d'une tierce majeure entre la tierce mineure et la quinte, la septième et la quinte, la sixte et la quarte.

Or, d'après la théorie du contraste (§ 4 page 8), la tierce majeure qui se projette aux $\frac{4}{12} = \frac{1}{3}$ du grand cercle, doit paraître plus petite, considérée simultanément que successivement ; en effet, il y a entre la réalisation simultanée et la réalisation successive d'un intervalle cette différence que, dans le premier cas, il y a, pendant un instant, réalisation nulle à cause du point neutre introduit par les deux directions contraires ; l'intervalle simultané sera donc plus petit que l'intervalle successif de la valeur que le contraste attribue à cette discontinuité. Mais nous savons que $\frac{1}{12}$ de cycle, étant à la fois un maximum et un minimum, est la forme sous laquelle est considérée la discontinuité élémentaire : il y a donc réalisation simultanée de 12 cycles et, chaque cycle apparaissant sous la forme $\frac{3}{2}$, réalisation du rapport $\left(\frac{3}{2}\right)^{12}$ ramené à l'octave, c'est-à-dire du *comma*. L'intervalle harmonique de la tierce majeure sera donc plus petit d'un comma que l'intervalle mélodique. La belle expérience de MM. Cornu et Mercadier est interprétée.

Les deux valeurs de la tierce mineure suivant la nature de l'accord ne se déduisent pas moins facilement du contraste. Dans l'accord *do-mi-sol* la tierce mineure *mi-sol* a une valeur $\frac{6}{5} = 1,2$ plus grande que la mélodique $\frac{32}{27} = 1,185$, d'environ un comma $\left(\frac{1,200}{1,185} = 1,0126\right)$, car l'intervalle subjectif est augmenté de la tendance du point *mi* et du point *sol* vers *do* (*fig.* 33) ; si l'accroissement est un peu inférieur au comma, c'est que la projection de l'intervalle est en sens inverse de la projection normale. Dans l'accord de septième de dominante, *do-mi-sol-si♭*, la tierce mineure *sol-si♭* a la valeur $\frac{7}{6} = 1,166$, plus petite que $\frac{32}{27} = 1,185$ (tierce mélodique) d'un comma, 1,0163 et *a fortiori* plus petite que $\frac{6}{5} = 1,2$ la tierce harmonique précédente, car cette tierce *sol-si♭* est projetée de haut en bas et de plus en

1. On appelle *battements d'un son* les renforcements et les affaiblissements successifs et réguliers que présente l'intensité de ce son : on démontre que le nombre des battements dans un temps donné est égal à la différence entre les nombres de vibrations exécutées pendant le même temps par les deux sons considérés. Voir la *Théorie physiologique de la musique* de M. de Helmoltz.

2. *Journal de Physique*, tome I, page 117. Les valeurs indiquées dans le tome III du *Cours de Physique* de MM. Jamin et Bouty (1881) sont légèrement différentes en certains cas. La ligne renfermant les valeurs du comma présente les différences entre la valeur numérique de chaque intervalle I et la moyenne de ce même intervalle haussé d'un comma vulgaire, c'est-à-dire $\left(\frac{81}{80} - 1\right) \times I = I \times 0,0125$.

sens inverse du sens normal, ce qui la rend plus petite que la tierce mélodique: de plus, elle est plus petite que la tierce harmonique *mi-sol*, car il y a de *do* à *sol* un élément de discontinuité par suite de la projection de l'accord *do-mi-sol*. Nous avons trouvé des erreurs analogues dans les estimations de rapports linéaires (§ 2, pages 6 et 7).

La sixte mineure est plus petite mélodiquement qu'harmoniquement d'environ un comma, c'est-à-dire que l'intervalle subjectif −4 paraît plus grand simultanément que successivement, tandis que le contraire a lieu pour l'intervalle + 4 : cela résulte du changement de direction. Il est clair que si, dans un certain sens, le mobile *b* est en retard sur le mobile *a*, le mobile *b*, dès qu'il y aura rétrogradation, sera en avance sur le mobile *a* : par le changement de sens des opérations, il y a, comme dans l'exemple actuel des mobiles, interversion des valeurs relatives du contraste simultané et du contraste successif précisément d'un comma. C'est, sous une forme abstraite, la vérité, souvent exprimée en ces pages, que l'inhibition pour le sens normal est de la dynamogénie pour le sens opposé.

L'expérience n'accuse aucune différence, que l'intervalle 1 soit perçu simultanément ou successivement ; cependant cette différence existe. Les cercles tracés simultanément, c'est-à-dire avec la collaboration de la droite et de la gauche, tendent à être représentés plus petits que les cercles tracés successivement, c'est-à-dire avec la droite ou la gauche, puisque la réaction à gauche apparaît sous la forme d'une discontinuité que l'on peut toujours considérer comme élémentaire. Par le même raisonnement que dans le paragraphe précédent, on s'explique que l'intervalle pris en sens contraire paraîtra plus petit successivement que simultanément, c'est-à-dire que la quarte mineure est plus petite mélodiquement qu'harmoniquement d'un comma.

Ces considérations pourraient être développées; la pratique journalière des musiciens leur indiquera nombre d'exemples qui pourront être interprétés par la même méthode de projection. En résumé, on voit que le grand débat des acousticiens et des musiciens tient, suivant la remarque déjà faite par MM. Cornu et Mercadier, aux différences des points de vue harmonique et mélodique. Par la théorie du contraste, j'ai pu interpréter ces différences : il est à noter que le point de vue mélodique des musiciens est conforme au caractère continu immédiat de la sensation auditive, de même que le point de vue pigmentaire des peintres est conforme au caractère discontinu immédiat de la sensation visuelle.

LE RYTHME ET LA MESURE.

---

50. Analyse rythmique des phrases mélodiques et harmoniques. — L'existence d'une relation entre la théorie de Gauss et la théorie de la musique a été entrevue pour la première fois par Hoëné Wronski (1). Son disciple, le comte Camille Durutte, s'est efforcé, dans une longue série de travaux, de justifier cette intuition. Mais ces deux savants n'ont point quitté le terrain purement métaphysique et leurs travaux m'étaient complètement inconnus, quand j'arrivai au même point de vue fondamental par la voie qui vient d'être exposée. C'est à M. le colonel Mannheim, professeur à l'École polytechnique, que je dois de connaître la *Technie harmonique* du comte Camille Durutte.

D'après les considérations du § 45 et la théorie générale du rythme, les intervalles consonants se projettent en changements de direction dynamogènes, le degré de consonance étant lié au degré de dynamogénie ou de continuité ; les intervalles dissonants se projettent en changements de direction inhibitoires.

Mettant à part l'octave qui exprime la continuité, on a immédiatement, comme consonance la plus parfaite, la quinte, marquée par le nombre +1 ; comme consonances parfaites, la sixte majeure +3 et la tierce majeure +4 ; comme consonances imparfaites, ces intervalles pris en sens contraire, ce qui implique une discontinuité, c'est-à-dire la tierce mineure −3 et la sixte mineure −4.

Les dissonances doivent être distinguées en relatives et en absolues. Est une dissonance relative la septième majeure +5 qui n'est une dissonance que comme complémentaire de l'octave diminuée −7, dissonance absolue puisque 7 n'est pas rythmique. Sont des dissonances absolues l'octave diminuée, le demi-ton chromatique +7, les secondes majeure +2 et mineure −5, enfin la septième mineure —2. La seconde majeure 2, prise en elle-même, correspond à la réalisation simultanée de deux directions égales et contraires, ce qui est impossible pour l'être vivant ; projetée sur l'échelle des quintes, elle correspond à la réalisation simultanée de deux directions égales qui contrastent successivement au minimum ou indifférentes, ce qui est superflu. Ces remarques s'appliquent à son inverse, la septième mineure −2, de sorte qu'à ce point de vue ces intervalles ne sont point des dissonances absolues.

La quarte ne doit être considérée ni comme une consonance, ni comme une dissonance : les auteurs qui lui ont attribué l'un ou l'autre caractère ont, comme il arrive souvent, également raison. Considérée comme l'inverse de la quinte, la quarte juste −1 est une parfaite consonance ; mais, au point de vue du tempérament, elle a pour complémentaire la tierce augmentée +11, qui est une dissonance absolue. La quarte majeure +6, prise en elle-même, correspond à la réalisation simultanée de six directions indifférentes : ce qui est superflu ; au point de vue de l'échelle des quintes, elle correspond à la réalisation simultanée de deux directions contraires : ce qui est impossible. A ce point de vue, elle est une dissonance.

La quinte étant établie comme unité, toute succession mélodique et harmonique peut se représenter par une série de nombres dont on cherche la différence finale, et il faut comparer cette différence aux nombres premiers rythmiques 1, 2, 3, 5 et 17, les seuls nombres premiers rythmiques qui soient compris dans les limites de notre système musical actuel, les nombres supérieurs appartenant à la gamme enharmonique et à d'autres gammes d'ordre purement spéculatif. Si cette différence est exactement divisible par un nombre formé au moyen d'un ou de plusieurs de ces facteurs premiers rythmiques, l'enchaînement mélodique ou harmonique est bon ; dans le cas contraire, l'enchaînement est mauvais. Soit, par exemple, l'intervalle *ut* − *ut*♯ ; la différence est 7, nombre non rythmique ; mais si on fait suivre ce demi-ton chromatique du demi-ton diatonique *ut* − *ut*♯ − *ré*, la différence est +7 − −5 = 12, nombre rythmique. D'ailleurs la musique admet, indépendamment des considérations de tempérament, le nombre $9 = 3^2$; dans le mode mineur, la

1. Voir la plaquette : *Wronski et l'Esthétique musicale*. Paris, 1887, Hermann.

note sensible *sol*♯ en *la* mineur est à la distance de 9 quintes du sixième degré ou de la sus-dominante de la gamme ascendante de ce mode (fig. 33) : en général, la musique admet les puissances des nombres rythmiques, ce que ne peut faire l'architecture : ne pouvant réaliser, par exemple, $\frac{1}{9}$ sur le cercle discontinu, je ne puis le réduire à la forme $\frac{1}{3}$, puisqu'il faudrait pour cela, le réaliser successivement 3 fois, ce qui est impossible. Au contraire, dans un grand cercle de n sections, provenant d'un entrelacs de n cercles, ces n sections ne peuvent être réalisées simultanément que sous la forme de leurs facteurs premiers (§ 5).

Quelquefois la différence finale présente un nombre non rythmique et il n'en faut pas conclure que la série mélodique ou harmonique soit fautive : on recourt alors au nombre 12 qui exprime l'identité enharmonique, et on examine si la différence finale en question et l'un des nombres premiers rythmiques 1, 2, 3, 5, 17, divisés l'un et l'autre par 12, ne présentent pas les mêmes restes : si oui, autrement dit, *si la différence finale est congruente par rapport au module 12 avec les nombres premiers rythmiques 1, 2, 3, 5, 17*, on peut admettre l'enchaînement, mais avec restrictions. Il faut aussi prendre garde que la différence finale parfaitement rythmique ne provienne d'une compensation d'erreurs, c'est-à-dire de fautes en sens inverses dans la contexture mélodique; il est donc nécessaire de consulter aussi les autres différences.

Pour bien familiariser le lecteur avec la pratique, j'emprunte un exemple au comte Camille Durutte. Soit la mélodie :

sol *si*♭ *la* *ut*♯ *ré*

nous disons : entre *sol* et *si*♭, intervalle de tierce mineure, il y a trois quintes, mais en sens inverse de la projection normale des sons (fig. 33) ; d'où le changement de signe; entre *sol* et *la*, intervalle de seconde majeure, 2 quintes; entre *sol* et *ut*♯ intervalle de quarte majeure : 6 quintes, etc. Nous obtenons pour ces notes, en mettant x pour *sol*, les valeurs suivantes :

	x;	$x-3$;	$x+2$;	$x+6$;	$x+1$.
Différences premières		-3;	$+5$;	$+4$;	-5.
Différences secondes			$+8$;	-1;	-9.
Différences troisièmes				-9;	-8.
Différence finale					$+1$. nombre rythmique.

Pour les successions harmoniques prenons, en exemple, une succession très simple, celle qui présente la préparation de la dissonance de seconde majeure par l'unisson et sa résolution sur la tierce mineure :

ut	*ré*	*ré*	*ut*
ut	*ut*	*si*	*ut*

Nous avons, en nombres, le tableau suivant, désignant *ut* par x :

x;	$x+2$;	$x+2$;	x.
x;	x;	$x+5$;	x.

Faisons le produit des deux termes dans chacun des *intervalles harmoniques* de cette suite, nous avons :

$$x^2; \quad x^2+2x; \quad x^2+7x+10; \quad x^2.$$

Prenant les différences successives, on a :

	x^2;	x^2+2x;	$x^2+7x+10$;	x^2.
Différences premières		$+2x$;	$+5x+10$;	$-7x-10$.
Différences secondes			$+3x+10$;	$-12x-20$.
Différence finale				$-15x-30$.

dont les deux parties sont divisibles par le nombre 15, égal au produit de 3 et 5, nombres rythmiques.

51. La mesure.

— Il est clair que l'on peut, par la même méthode, apprécier la mesure : en représentant par 1 la durée de l'unité de mesure et par les nombres proportionnels les différentes valeurs, il suffira de prendre les différences successives jusqu'à la différence finale : on reconnaîtra si le nombre final est rythmique : en comparant cette différence finale avec celle du même ordre prise sur les sons eux-mêmes, considérés indépendamment de leur durée, on aura la différence finale définitive, c'est-à-dire la formule de la phrase rythmique, confondue jusqu'ici avec l'unité de rythme.

52. Formule générale des accords possibles.

— L'importance de la quinte, pressentie par Pythagore, a été démontrée par Barbereau et par le comte Camille Durutte dans une série de travaux, nécessairement très laborieux à lire pour le point de vue purement métaphysique auquel se sont placés ces auteurs ; mais leurs explications gardent toute leur valeur et s'éclairent singulièrement par la projection des quintes en directions virtuelles convenables. Je ne pourrais, sans écrire un traité complet d'harmonie, citer tous les exemples. Je choisirai le plus important : la formule générale qui donne tous les accords possibles.

Un accord est la simultanéité de n sons dans l'infiniment petit du temps ; il s'exprimera donc par toutes les combinaisons possibles des produits de ces sons. Mais, suivant la remarque déjà faite (§ 8, page 11), le maximum du contraste successif, c'est-à-dire $\frac{1}{3}$ de circonférence, représente un temps aussi court qui se puisse imaginer, qu'on peut prendre pour l'unité de temps ; $\frac{1}{4}$ de circonférence, ou le maximum du contraste simultané, représente une différence de temps nulle, mais en soi un temps indéfini : $\frac{1}{12}$ de circonférence représente donc un intervalle de temps infiniment petit : poser un tel intervalle de temps, c'est le rapporter à l'unité de temps d'une part, d'autre part à un temps indéfini. Mais, en musique, le $\frac{1}{3}$ de circonférence, ou $\frac{4}{12}$, représente la tierce majeure ; le $\frac{1}{4}$ de circonférence ou $\frac{3}{12}$ représente la tierce mineure ; $\frac{1}{12}$ représente l'unité par rapport à laquelle s'exprime tout intervalle, la quinte. Les valeurs de chaque intervalle seront donc exprimées par deux systèmes d'équations : l'un, en fonction des quintes, l'autre, en fonction des tierces. Ainsi l'intervalle de quinte $\frac{1}{12} = \frac{4}{12} - \frac{3}{12}$, c'est-à-dire égal à deux tierces, évoque par association $+\frac{8}{12}$ la quinte majeure, $-\frac{6}{12}$ la quinte mineure, chacune égale à deux tierces; l'intervalle de septième majeure $\frac{5}{12} = \frac{1}{12} + \frac{4}{12}$, c'est-à-dire égal à trois tierces, évoque $-\frac{2}{12}$ la septième mineure, $-\frac{9}{12}$ la septième diminuée, chacune égale à trois tierces : $\left(\frac{3}{12} - \frac{5}{12} = -\frac{2}{12}\right)$; $\left(-\frac{10}{12} + \frac{1}{12} = -\frac{9}{12}\right)$; l'intervalle de neuvième majeure $\frac{2}{12}$, égal à quatre tierces, évoque $-\frac{5}{12}$ la neuvième mineure, $+\frac{9}{12}$ la neuvième augmentée, chacune égale à quatre tierces : $\left(-\frac{6}{12} + \frac{1}{12} = -\frac{5}{12}\right)$; $\left(\frac{1}{12} + \frac{8}{12} = \frac{9}{12}\right)$; l'intervalle de onzième $-\frac{1}{12}$, égal à cinq tierces $\left(-\frac{1}{12} = -\frac{3}{12} + \frac{1}{12} + \frac{1}{12}\right)$ évoque la onzième majeure $+\frac{6}{12}$ et la onzième mineure $-\frac{8}{12}$, chacune égale à cinq tierces ; l'intervalle de treizième $\frac{3}{12}$, égal à six tierces, évoque la treizième majeure $+\frac{3}{12}$ et la treizième mineure $-\frac{4}{12}$, chacune égale à six tierces. Le lecteur a sans doute déjà appliqué aux idées en général ces associations d'idées de sons en fonction de temps.

Cela posé, représentons par x la fondamentale d'un accord quelconque, par m le nombre de sons qui le composent, par T, Q, S, N, O, Θ, etc. les intervalles de tierce, de quinte, de septième, de neuvième, de onzième, de treizième comptés à partir de la fondamentale sur l'échelle des quintes, on aura en général, suivant la formule enseignée dans tous les traités d'Algèbre, pour la fonction de x, $F(x)$ formée par le produit des quantités

$$x, \quad x + T, \quad x + Q, \quad x + S, \quad x + N, \quad x + O, \quad x + \Theta, \quad \text{etc.},$$

une expression de la forme :

$$F(x) = x^m + A_1 x^{m-1} + A_2 x^{m-2} + A_3 x^{m-3} \ldots + A_p x^{m-p} + A_{m-1} x,$$

laquelle expression, si l'on se renferme dans les limites du système musical, c'est-à-dire si l'on attribue à m la plus grande valeur 7, devient :

$$F(x) = x^7 + A_1 x^6 + A_2 x^5 + A_3 x^4 + A_4 x^3 + A_5 x^2 + A_6 x,$$

A_1 désignant la somme des quantités T, Q, S, N, etc., A_2 la somme de leurs produits deux à deux, A_3 la somme de leurs produits trois à trois, ... A_p la somme de leurs produits p à p. D'après les remarques précédentes, chaque intervalle se projetant dans l'infiniment petit du temps, les valeurs des quantités T, Q, S, N, etc. sont déterminées dans chaque cas particulier en fonction des deux tierces majeure et mineure par les formules :

$$T = 4\vartheta - 3\vartheta' ; \quad Q = 4k - 3k' ; \quad S = 4s - 3s' ; \quad N = 4n - 3n' ; \quad O = 4\omega - 3\omega' ; \quad \Theta = 4\tau - 3\tau', \text{ etc.}$$

avec les conditions téléologiques suivantes qui doivent être satisfaites en nombres entiers positifs, marquant le nombre de tierces :

$$\vartheta + \vartheta' = 1 ; \quad k + k' = 2 ; \quad s + s' = 3 ; \quad n + n' = 4 ; \quad \omega + \omega' = 5 ; \quad \tau + \tau' = 6.$$

Par exemple, pour les accords de trois sons on aura :

$$f_3(x) = x^3 + (4s - 3s')\, x^2 + (4\vartheta - 3\vartheta')\,(4k - 3k')\, x.$$

Posons $s = 2$, $s' = 1$; $\vartheta = 1$, $\vartheta' = 0$; $k = 1$, $k' = 1$: nous aurons pour la fonction de x correspondante :

$$f_3(x) = x^3 + 5x^2 + 4x = x\,(x + 4)\,(x + 1),$$

qui présente le produit d'une tierce majeure, d'une tierce mineure et d'une quinte juste ou les termes de l'*accord parfait majeur*. On trouverait de la même façon les formules générales qui embrassent tous les accords de m sons.

53. Le timbre. — M. de Helmholtz a démontré que le timbre d'un son dépend de la forme des vibrations de ce son et que cette forme est en relation avec le nombre et l'intensité des harmoniques coexistant avec la note fondamentale : par exemple, dans le violon, si on le compare au piano, la note fondamentale est forte, les notes secondaires de deux à six sont faibles, celles de sept à dix sont beaucoup plus intenses ; dans la clarinette, les harmoniques impairs sont seuls perceptibles ; dans le hautbois, les harmoniques pairs. On sait que les harmoniques correspondent aux vibrations simples ou pendulaires d'un mouvement aérien composé et, dans le cas d'une corde, à la subdivision en cordes de longueur $\frac{1}{2}$, $\frac{1}{3}$, $\frac{1}{4}$ etc., pour une vibration simple, ce qui explique qu'en faisant résonner *ut*, nous entendons ut_2, sol_2, ut_3, mi_3, sol_3, $si_3\flat$, etc. Les premiers termes de ces séries harmoniques sont seuls perceptibles : M. de Helmholtz les a reconnus jusqu'au 18e exclusivement. Le timbre superpose donc à la note fondamentale une série mélodique et harmonique particulière qu'il est possible de déterminer numériquement et d'apprécier esthétiquement comme la mesure et le rythme d'une ligne : nous voyons immédiatement pourquoi les harmoniques 7 et 9 correspondant au septième et au neuvième de la corde sont dissonants. Nous aurions ainsi le moyen de donner une théorie de l'instrumentation comme le comte Durutte en a donné une de l'harmonie et de la mélodie, si le timbre n'introduisait un élément nouveau et variable suivant la nature du choc et du corps : *l'intensité* respective des harmoniques. Ces intensités sont également fonctions de rythme et il importerait d'en avoir des mesures précises non seulement pour les instruments de musique, mais pour tous les matériaux de construction et de plastique : l'avenir de l'architecture et de l'art industriel est là. Des recherches théoriques et des expériences complémentaires de celles de M. Helmholtz sont donc nécessaires.

La constitution moléculaire du corps n'agit pas seulement par le timbre sur la sensation auditive : c'est un facteur essentiel de l'esthétique à la fois par les qualités de groupement et par les propriétés physiques qui en dérivent. On sait depuis longtemps qu'il n'est pas indifférent de rendre un sujet en marbre ou en bronze, en ivoire ou en cire, en bois ou en verre ; la fresque, la détrempe, l'huile, l'encaustique répondent à des convenances particulières, bien plus, la même matière suivant ses états différents (plâtre mouillé ou sec, fer forgé ou fondu) relève ou déprécie l'œuvre d'art. C'est dire l'importance majeure des techniques ; il appartient à notre siècle, si riche en moyens industriels, de rouvrir et d'élargir à l'infini la voie de ces harmonies supérieures que l'esthétique affinée des Grecs n'avait point négligées [1].

Le Comte Durutte a donné la formule générale qui détermine les conditions de la possibilité de l'enchaînement des sons et des accords, quels qu'en soient le nombre et la nature : lorsque le degré de la différence finale est élevé et la série formée d'un grand nombre d'accords, la solution est naturellement très difficile.

Soient

$$(1) \quad f_0(x), \quad f_1(y), \quad f_2(z), \quad \ldots \quad f_m(w)$$

des polynômes du même degré représentant une suite d'accords se succédant dans cet ordre : si on pose

$$(2) \quad y = x + \Delta_1, \quad z = x + \Delta_2 \quad \ldots \quad v = x + \Delta_{m-1}, \quad w = x + \Delta_m,$$

$\Delta_1, \Delta_2 \ldots \Delta_m$ exprimant les distances à déterminer des fondamentales $y, z, \ldots w$ à la fondamentale x du premier accord représenté par la fonction $f_0(x)$. Ces distances doivent être comptées sur l'échelle des quintes en nombres positifs ou négatifs suivant le sens de projection. Si, après avoir substitué, dans la série (1) de $m+1$ accords, pour $y, z, \ldots v$ et w, leurs valeurs résultant des relations (2), on forme les différences finies des divers ordres, la différence finale sera de l'ordre m puisqu'il y a $m+1$ accords, et la condition à remplir pour que la série des accords soit valable sera exprimée, pour l'expression générale de cette différence, par la congruence :

$$D_m = f_m(x+\Delta_m) - \frac{m}{1} f_{m-1}(x+\Delta_{m-1}) + \frac{m(m-1)}{1.2} f_{m-2}(x+\Delta_{m-2}) - \cdots + (-1)^{\alpha} \frac{m(m-1)(m-2)\ldots(m-\alpha+1)}{1.2.3\ldots\ldots\alpha} f_{m-\alpha}(x+\Delta_{m-\alpha})$$

$$+ \ldots + f_0(x) \equiv 0 \pmod{2^{p} \times 3^{q} \times 5^{r} \times 17^{s}}.$$

La solution se compliquera beaucoup lorsqu'on pourra tenir compte du timbre ; mais elle n'est pas impossible *a priori* et l'on aura atteint alors, au moins théoriquement, le but de toute esthétique musicale, l'analyse rythmique de la phrase d'orchestre.

Mais, dès aujourd'hui, les résultats expérimentaux essentiels se déduisent vivement du point de vue théorique. M. de Helmholtz trouve que dans les meilleurs timbres musicaux les sons partiels aigus, à partir du septième, doivent être faibles. Supposons que les sons partiels aigus de 8 à 12 soient *forts;* l'être vivant serait induit à projeter *simultanément* deux directions *égales* et *contraires* cinq fois, ce qui correspond à autant d'impossibilités ; si, au contraire, ils sont faibles, ils seront réalisés tels comme complémentaires et pourront toujours être considérés comme cinq directions.

Le nombre des battements ou des discontinuités d'intensité de deux sons est donné par la différence des nombres de vibrations de ces sons et de leurs harmoniques : il est certain que des battements suffisamment rapides produisent du déplaisir. M. de Helmholtz a trouvé les notes les plus dures et les plus perçantes dans les parties élevées de la gamme pour un nombre de 30 à 40 battements par seconde dans les intervalles les plus petits. Ce fait pouvait être déduit : 30 à 40 battements ne peuvent être réalisés que comme 30 ou 40 discontinuités, c'est-à-dire comme le maximum réalisable continûment par les deux côtés, augmenté du maximum du contraste successif de cet intervalle considéré comme un cycle ; mais plus l'intervalle de deux sons est aigu, plus il est dynamogène ; plus il évoquera les autres intervalles dans les limites du système. L'être vivant sera induit à projeter en même temps que ces intervalles induits les battements de l'intervalle inducteur : ce sont 30 simultanéités de 2 directions identiques et à la fois contraires à réaliser : c'est de l'inhibition.

Mais si les battements produisent de la dissonance, ils ne suffisent pas à l'expliquer, comme M. de Helmholtz l'a affirmé. A ce point de vue, il n'y aurait aucune différence entre la consonance et la dissonance ; en effet, dans l'intervalle de quinte, le deuxième harmonique 9 de la note 3 bat avec 8, le 3e harmonique de la note 2. M. de Helmholtz ne s'est pas dissimulé la difficulté : il a essayé de l'amoindrir, en observant que la limite entre les intervalles consonants et les intervalles dissonants a varié, que les Grecs ont rangé les tierces parmi les dissonances, etc. Mais il y a un abîme entre les rythmes complexes qui deviennent réalisables par le temps et les nombres irréalisables par notre mécanique naturelle. Il n'y a pas plus de commune mesure pour nous entre la douleur et le plaisir qu'entre le néant et l'existence. Ces remarques sont d'ailleurs trop évidentes pour que j'insiste : elles ne sont pas nouvelles, elles ont même précédé la théorie du savant physicien.

1. Voir *L'encaustique et les autres procédés de peinture chez les anciens*, par Henry Cros et Charles Henry. Paris, 1884, in-8°.

VI.

DYNAMOGÉNIE ET INHIBITION.

---

54. Généralité des actions dynamogènes et inhibitoires. — Sont dynamogènes ou agréables les excitations se projetant en directions dynamogènes et déterminant des changements conformes au contraste, au rythme et à la mesure; sont inhibitoires ou désagréables les excitations se projetant dans les directions contraires. Cette conclusion ne s'applique évidemment qu'aux états initiaux et normaux de l'être vivant.

A. *Toute irritation dynamogène d'une partie peut être inhibitoire pour d'autres.* Exemples : une piqûre d'une petite partie du bulbe rachidien supprime immédiatement toutes les fonctions de l'encéphale, augmentant au contraire la puissance de la moelle épinière, des nerfs et des muscles (1). L'application d'acide prussique, de digitaline, de chloroforme, de chloral, l'irritation de la base de l'encéphale ou de la moelle épinière par une hémisection transversale, celle des nerfs cutanés du thorax par un froid intense, ou du nerf sciatique par sa section, peuvent produire de l'inhibition dans les nerfs et les muscles d'un des côtés du corps, de la dynamogénie dans ces mêmes parties du côté opposé (2). Un ralentissement du cœur, une diminution de la température périphérique, à laquelle succède une augmentation, coïncident avec la douleur (3).

B. *Toute irritation périphérique ou centrale peut être, suivant les sujets, dynamogène ou inhibitoire d'une partie.* La section d'une moitié latérale du bulbe rachidien, au niveau du bec du calamus, *à droite* par exemple, peut quintupler ou même décupler l'excitabilité du nerf phrénique et l'irritabilité du diaphragme du côté droit et diminuer plus ou moins les propriétés de ces parties à gauche; mais la même lésion peut produire l'inverse chez un animal de l'espèce du précédent. Quelquefois il y a dynamogénie des deux côtés, presque toujours davantage du côté correspondant à celui de l'irritation du bulbe ; très rarement l'inhibition se produit des deux côtés (4).

C. *Toute irritation inhibitoire d'une partie peut devenir dynamogène de cette partie.* M. Brown-Séquard prend deux lapins ou deux chats : sur l'animal dont le cœur a le moins d'activité, il galvanise les nerfs vagues, le cœur s'arrête, et quand ce cœur recommence à battre, il coupe chez les deux animaux les deux gros troncs artériels qui en partent : il compte les mouvements des deux cœurs et constate que celui qui a été inhibé, donne beaucoup plus de battements que l'autre, et le repos du cœur n'est sans aucun doute que la moindre cause de cet accroissement (5).

D. *Il peut y avoir inhibition par une excitation forte, aussi bien que par une excitation faible et réciproquement.* Chez les hystériques, une excitation faible provoque le sommeil et une seconde excitation faible, portant sur le même point, les réveille (6). La hauteur de soulèvement d'un muscle, sous l'influence d'un courant électrique maximum, est inférieure à la hauteur maximum correspondant à une intensité de courant plus faible (7). Il y a quelquefois élongation, au lieu de raccourcissement du muscle, sous l'influence d'une excitation (8).

Ces faits s'expliquent par la nature des fonctions étudiées dans ce mémoire, toutes d'*ordre* et, par conséquent, indépendantes de la *quantité*. L'état des forces d'un individu, d'un organe, d'un tissu, d'une cellule est un centre de directions virtuelles qui se ramifie avec d'autres centres. Ces directions virtuelles se projettent de gauche à droite ou de droite à gauche suivant les deux schèmes d'orientation (§ 2). Toute excitation dynamogène d'un de ces cycles sera nécessairement inhibitoire de l'autre. Pour deux parties *A* et *B* dirigées dans le sens normal de l'inhibition, il en pourra être de même. Si une partie *A* est à un état dynamique très élevé (direction virtuelle de bas en haut), si une partie *B* est à un état dynamique moyen (direction virtuelle de gauche à droite), la même excitation déterminant, par exemple, un changement de $\frac{1}{4}$ de circonférence, qui sera inhibitoire pour *A*, sera dynamogène pour *B* : la même excitation fera passer, en *A*, la direction virtuelle de la force de la situation de bas en haut à la situation de droite à gauche ; en *B*, de la situation de gauche à droite à la situation de bas en haut. Si, par la continuité de l'excitation, la partie *B* passe d'un état dynamique maximum à un état un peu au-dessous à gauche, en revenant à l'état normal, elle passera par ce maximum et, comme le cœur inhibé dans l'expérience de M. Brown-Séquard, elle sera dynamogéniée par une irritation précédemment inhibitoire. D'ailleurs cet état dynamique très élevé, que je dis être caractéristique de la partie *B*, n'est pas autre chose qu'un rythme complexe réalisé par cette partie et provoquant, par conséquent, le tracé d'un grand nombre de cycles virtuels, cette partie *B* est donc capable de réaliser un minimum beaucoup plus petit que la partie *A* : c'est dire encore qu'une excitation dynamogène pour *B* sera, dans certains cas, inhibitoire pour *A*.

Comment s'opère la transmission de ces actions? et devons-nous renouveler ici les perpétuelles questions d'action à distance ou d'action directe? On verra plus loin, par la nature même de ces actions, que de pareils problèmes sont illusoires.

1. Brown-Séquard, *Comptes rendus des séances de l'Académie des sciences de Paris*, 1876, tome LXXXIX, page 657. — 1883, tome XCVI, page 618.
2. Brown-Séquard, *Comptes rendus des séances de la Société de Biologie*, 1881, page 194.
3. Mantegazza, *Fisiologia del dolore*, 1875. — Ch. Richet, *L'homme et l'intelligence*, pages 5, 457 et suivantes.
4. Brown-Séquard, *Comptes rendus des séances de l'Académie des sciences*, tome CIII, page 791.
5. Brown-Séquard, *Comptes rendus de la Société de Biologie*, 1880, page 211.
6. Ch. Richet, *L'homme et l'intelligence*, page 534.
7. Mendelssohn, *Comptes rendus de la Société de Biologie*, 1881, page 305.
8. Beaunis, *Comptes rendus de la Société de Biologie*, 1884, page 113.

Il est clair que la théorie de la dynamogénie et de l'inhibition s'applique, avec des modifications convenables, à tout excitant : électricité, chaleur, poids, odeur, saveur, etc. Dans ces deux derniers cas, il s'agit seulement d'inventer des artifices expérimentaux permettant de mesurer le degré de dynamogénie de chaque odeur ou saveur par l'inverse de la quantité nécessaire et suffisante pour qu'il y ait reconnaissance nette de chacun de ces excitants. Cette invention ne dépasse pas les ressources actuelles de la technologie. On pourra également traduire en directions les dynamogénies relatives des divers sens, sur lesquelles on possède déjà de précieuses données et constituer des contrastes, des rythmes et des mesures entre les excitants de ces sens, comme on en aura déterminé pour chaque sens en particulier.

On retrouve dans le langage les deux types de réaction directe de l'être vivant : la réaction continue et la réaction discontinue : les voyelles, mode de réaction continu, les consonnes, mode de réaction discontinu : les voyelles, sons plus ou moins aigus accompagnés d'harmoniques particulières ; les consonnes, des bruits. De là, dans le langage, une harmonie supérieure des sons et des bruits, dont les lois sont à déterminer. Il est permis d'espérer que, par des appareils enregistreurs convenables, on pourra préciser la forme des divers efforts d'articulation et résoudre ainsi toutes les questions de rythme et de mesure naturels du langage. Les intensités de l'effort sont également fonctions de rythme ; c'est pour ne pas jouer dans une intensité rythmique avec le rythme marqué par la note que des exécutants, d'ailleurs également corrects, sont esthétiquement si inégaux.

Ces relations que la psychologie contemporaine appelle les *lois d'association des idées*, et dont j'ai pu préciser sur le vif quelques exemples dans la théorie des accords (§ 52), ne sont pas différentes des fonctions de contraste, de rythme et de mesure, sans lesquelles il ne peut y avoir continuité de ces mouvements virtuels qu'on appelle idées. Le problème de la psychologie (et il est posé ici pour la première fois) est de *relier les différents ordres de phénomènes à des directions et de constituer avec ces systèmes de mouvements virtuels des ramifications dont on puisse déduire les conditions particulières et générales de fonctionnement et d'arrêt.*

Le fait normal de la transformation d'une sensation en idée est un fait de contraste successif. En effet, on a vu que toute sensation correspond à un arrêt et toute idée à un mouvement virtuel, qui devient réel : or il n'y a pas d'arrêt sans 1° direction dans un certain sens (intuition inconsciente), 2° une direction en sens inverse, à laquelle correspond avec les réactions corrélatives, l'idée. Au contraire, dans l'hallucination spontanée ou provoquée (suggestion), c'est l'idée qui se transforme en intuition inconsciente et amène la sensation : c'est un mouvement virtuel qui se change en arrêt. Il y a dans ce cas inhibition pouvant nécessairement être accompagnée de dynamogénies considérables. Une double caractéristique ressort pour cet état de la définition même de la dynamogénie ; les minima perceptibles, qui ne sont que des maxima réalisables, continûment ou non, auront leurs limites reculées vers les changements de plus en plus complexes ; des mouvements à l'état normal, simplement virtuels, seront réalisés avec toute l'intensité et l'amplitude possibles. Le sujet hypnotisable percevra les mouvements virtuels d'un autre sujet, c'est-à-dire qu'il les réalisera lui-même, d'abord virtuellement comme des idées, puis dans les limites de sa propre dynamogénie comme des actes, l'acte n'étant évidemment que le développement ultérieur du mouvement virtuel de l'idée. Ces phénomènes ne sont mystérieux que pour les points de vue substantialistes auxquels on les a considérés. Il n'y a pas plus lieu de rechercher le mécanisme de leur transmission que le mécanisme de la perception du fait extérieur. Ne serait-ce pas prétendre se représenter sous une nouvelle forme des représentations que l'on peut toujours tenir pour aussi élémentaires que possible ? En somme, comme l'a bien dit M. Brown-Séquard, " l'hypnotisme n'est qu'un effet et un ensemble d'actes d'inhibition et de dynamogénie (1). „

Par la même méthode on sera conduit à préciser, dans les variétés de la folie, des inhibitions du contraste, du rythme et de la mesure des idées : dans l'idée fixe, comme dans l'hyperesthésie, un empêchement du contraste ; dans le caractère superstitieux attaché à certains nombres par les civilisations les plus différentes, dans les faits d'arithmomanie (2), dans les phénomènes dits d'audition colorée, d'association entre les nombres, les couleurs et les directions (3), des faits d'hyperesthésie. On pourra déterminer par les attitudes troublées des maladies nerveuses le degré de discontinuité que l'être vivant en ce cas s'efforce de réaliser (4). Mais ce que l'on peut poser dès maintenant, c'est que les phénomènes psychiques les plus complexes se réduisent toujours à des représentations, c'est-à-dire à des ramifications de mouvements virtuels cycliques continus et discontinus. Ces *fonctions du cercle*, vers lesquelles ont convergé les efforts les plus célèbres des géomètres et qu'on retrouve dans les régions les plus éloignées des sciences théoriques et appliquées, sont donc vraiment les plus générales.

Je parle de représentations cycliques continues et discontinues. Cette discontinuité n'est absolue que pour la représentation d'un centre : de même qu'il y a sur un individu transfert d'un état comme la paralysie, par exemple, de gauche à droite, il y a transfert empiriquement palpable du même état d'un sujet à un autre sujet, si ces êtres sont anormalement dynamogéniés ou inhibés (5). S'ils sont dans des conditions normales, il y aura également transfert, mais virtuel, c'est-à-dire simple perception puisqu'il n'existe et ne peut exister, entre cet état anormal et l'état normal, qu'une différence de degré parfaitement précisable. Du fait seul de la perception de leurs états réciproques ressort donc la réalité d'une coordination supérieure des mouvements *virtuels* des individus, de même que l'individu est une coordination des mouvements réels de centres d'ordre inférieur : l'espèce est donc bien réellement et non métaphoriquement un organisme, mais un organisme d'ordre virtuel, rythmique ou non, suivant que les individus sont rythmiques ou non. Le problème de la dynamogénie et de l'inhibition se pose donc pour l'espèce en même temps qu'il se pose pour l'individu ; mais, pour l'espèce, il n'y a plus de non-rythme virtuel absolu, puisqu'elle pourra réaliser tous les nombres par une coordination réelle des centres individuels ; mais ces centres seront nécessairement astreints à être rythmiques ; autrement toute coordination serait impossible. Le développement de l'individu est donc aussi impossible sans le développement de l'espèce que le développement de l'espèce est impossible sans le développement de l'individu.

1. *Recherches expérimentales et cliniques sur l'inhibition et la dynamogénie. Applications des connaissances fournies par ces recherches aux phénomènes principaux de l'hypnotisme, de l'extase et du transfert.* (*Gazette hebdomadaire de médecine et de chirurgie*, 2e série, tome XIX, 1882, pages 35, 53, 75, 105, 136)

2. Voir dans la thèse de M. Lanteirès : *Essai descriptif sur les troubles psychopathiques avec lucidité d'esprit*, 1885, no 151, l'observation développée d'un névropathe auquel la fatalité du nombre 13 (*inhibitoire et immédiatement supérieur au nombre maximum des divisions immédiates de l'unité*) était obsédante.

3. *La Nature*, tome XV, 1880, p. 196 ; tome XVI, 1881, p. 262 ; tome XVIII, 1882, p. 266. — *Bulletin de la Société d'anthropologie*, 1880, p. 216. Aux faits recueillis par MM. Galton, d'Abbadie, Bertillon, j'en puis ajouter d'autres qu'il serait trop long d'exposer ici.

4. En particulier les attaques comme l'*arc de cercle* de la grande hystérie sont l'indice évident d'un effort de réalisation de cycles normalement discontinus.

5. Expériences récentes de M. Babinski, à la Salpêtrière.

55. Actions dynamogènes et dynamophores. — A côté de ces actions qui, plus ou moins instantanément, provoquent ou empêchent les manifestations de la vie, il y a des actions que l'on pourrait appeler *dynamophores*, de durée plus ou moins longue, servant à l'entretenir. Mais il est évident que ces actions ne peuvent atteindre leur but qu'à la condition d'être dynamogènes : pour qu'il y ait fixation d'énergie, il faut qu'il y ait *mesure*, c'est-à-dire que l'énergie additionnelle soit une fraction de l'énergie externe réalisable continûment.

La nutrition est une série d'actions nécessairement plus dynamophores que dynamogènes. L'action des agents médicamenteux est plus dynamogène que dynamophore ; elle dépend plutôt de ce que l'on convient d'appeler la constitution moléculaire que de la nature des éléments qui entrent dans les combinaisons. MM. F. Jolyet et Cahours ont démontré que, si l'on peut remplacer un équivalent d'hydrogène par un équivalent d'un radical organique sans altérer gravement les propriétés chimiques d'un composé, il n'en est pas de même de ses propriétés physiologiques. L'aniline provoque des convulsions cloniques, la méthylaniline suspend d'abord les mouvements volontaires, puis ceux de la respiration [1]. L'iodhydrate de strychnine agit comme la strychnine : les iodures de méthyl, d'éthylstrychnium agissent comme le curare [2]. On cite trois acides ayant tous trois la formule $C^6H^4(SO^3H)OH$, obtenus en traitant le phénol par l'acide sulfurique concentré et ne différant entre eux que par la position relative des groupes SO^3H et OH : l'un, l'acide orthoxyphénylsulfureux est un antiseptique puissant ; les deux autres, l'acide paroxyphénylsulfureux et l'acide métoxyphénylsulfureux, sont inertes [3].

Les forces physiques sont évidemment toutes dynamophores, mais à des degrés inégaux.

L'électricité est un dynamophore énergique. M. Grandeau place deux plantes de même espèce, de même âge et d'égale venue, dans des conditions identiques de sol, d'aération, d'insolation : la seule condition différente consiste en ce que l'une des plantes est soustraite à l'action de l'électricité atmosphérique par une cage de Faraday qui la recouvre, tandis que l'autre y est soumise. Il trouve que les plantes soustraites à cette influence ont élaboré dans des temps égaux 50 à 60 pour 100 moins de matière vivante que celles dont la croissance s'effectue dans des conditions ordinaires [4]. Le même expérimentateur constate que l'électricité favorise fortement la fructification et que, sous les grands arbres, sous les massifs d'arbustes, la tension électrique est tout à fait nulle, tandis qu'au même moment, à quelques mètres, elle est notable [5].

M. Brown-Séquard [6] a montré que l'anesthésie de cause organique peut passer d'un côté du corps à l'autre et être remplacée par de l'hyperesthésie sous l'influence d'une seconde lésion organique. Sur un lapin, un cobaye ou un chien, il coupe transversalement la protubérance à droite, trouvant les deux membres droits hyperesthésiés et les deux membres gauches anesthésiés ; en coupant la moitié latérale gauche de la moelle dorsale, il constate que l'anesthésie est remplacée par de l'hyperesthésie dans le membre postérieur gauche et que l'hyperesthésie est remplacée par de l'anesthésie dans le membre postérieur droit. Il est clair que, si la première lésion avait produit l'anesthésie par la section des agents de transmission des impressions sensitives, la seconde lésion ne changeant en rien l'état organique des éléments nerveux atteints par la première lésion, la sensibilité ne devrait pas revenir, surtout à un degré excessif, dans le membre postérieur, d'abord frappé d'anesthésie. On peut donc conclure que, dans le transfert, la production d'anesthésie où il y avait de l'hyperesthésie n'est qu'une production d'inhibition où il y avait de la dynamogénie. Or l'aimant est un puissant agent de transfert ; il est donc un dynamogène. Mais il serait encore un dynamophore énergique, s'il était absolument prouvé que, chez certains sujets, il exerce une action non seulement sur des phénomènes réels, comme des expressions, des actes volontaires et des paralysies, mais même sur des phénomènes virtuels, comme des résolutions d'accomplir tel acte de telle façon [7]. Citons encore ces données : lorsque l'aimant a été placé du côté hémiplégique, on voit, au bout d'un temps variable pour chaque sujet, une exagération de la force musculaire du côté correspondant à l'aimant, et la force musculaire peut devenir, de ce côté hémiparétique, plus considérable qu'elle n'était du côté opposé avant l'expérience. Si, sur les mêmes sujets, on applique, quelques jours après, l'aimant, non plus sur le côté hémiparétique, mais sur le côté le plus fort, on verra qu'il se produit d'abord augmentation de la force musculaire du côté de l'aimant, c'est-à-dire du côté le plus fort, et que le transfert ne se fait qu'ensuite [8].

Un fait qui confirme le caractère éminemment dynamophorique de l'aimant (caractère qu'il est possible de déduire de l'identité de l'électro-dynamique et du magnétisme), est son action retardatrice sur les fermentations soit physiologiques (exemple : inversion du sucre de canne par la levure de bière), soit chimiques [9], phénomènes qui tous dépensent de l'énergie et sont caractérisés par des décompositions de substances complexes en plus simples. L'action de la chaleur et de la lumière est, au contraire, accélératrice des fermentations physiologiques, la seconde produisant tous les effets de la première, mais celle-ci ne produisant pas tous les effets de la seconde. On sait que quelques jours, quelques heures d'exposition au soleil suffisent à tuer les germes les plus résistants : même sous l'influence de la lumière et sans intervention de l'oxygène, il se produit des dislocations moléculaires analogues aux fermentations, comme dans la transformation partielle en alcool et en acide carbonique du sucre en milieu alcalin [10]. En résumé, la force sous la forme de l'électro-aimant serait plutôt dynamophore, tandis que sous la forme de la chaleur et de la lumière elle serait plutôt dynamogène.

56. Déduction d'une loi d'évolution. — J'ai dit que toute action dynamophore doit être dynamogène : c'est dans cette condition qu'est tout le mécanisme de l'évolution de la vie. Dans la période initiale de la vie, plus il y a fatigue, plus il y a difficulté de réalisation de rythmes complexes, d'ailleurs jamais réalisés : plus les rythmes sont simples, plus la fraction de l'énergie interne qui pourra être fixée est grande : le renouvellement et l'accroissement des forces sont ainsi assurés. Mais, par l'évolution vers l'âge adulte, les rythmes réalisés deviennent plus complexes : en effet, suivant la remarque maintes fois déjà faite, d'après laquelle le temps ne peut nous apparaître que sous forme cyclique, faire une opération continue ou faire une opération tout le temps, faire une opération discontinue ou faire une opération seulement pendant un certain temps, c'est équivalent. Le problème de l'évolution individuelle n'est donc pas différent de celui-ci : en quoi la continuité virtuelle des opérations actuelles de l'être vivant tend à

1. *Comptes rendus des séances de l'Académie des sciences*, 1er juin 1868.
2. *Comptes rendus des séances de l'Académie des sciences*, 30 novembre 1868.
3. *Revue scientifique*, 3 janvier 1885.
4. *Comptes rendus des séances de l'Académie des sciences*, tome LXXXVII, page 60, 8 juillet 1878.
5. *Comptes rendus des séances de l'Académie des sciences*, tome LXXXVII, page 939.
6. *Comptes rendus des séances de l'Académie des sciences*, tome XC, page 750, 29 mars 1880.
7. Binet et Féré, *Le transfert psychique*. (*Revue philosophique*, janvier 1885.)
8. Ch. Féré, *Société de Biologie*, 1885, page 591.
9. D'Arsonval, *La lumière électrique*, tome VII, page 303.
10. Duclaux, *Revue scientifique*, 5 février 1887.

modifier les opérations actuelles successives ? Il est clair qu'il se produit, à chaque instant, des simultanéités virtuelles d'opérations de plus en plus complexes. Ces simultanéités, qui se traduisent nécessairement en changements de direction, deviendront réelles quand elles seront réalisables continûment et dans les limites de la force disponible du sujet ; mais il est clair que si, par l'évolution, l'être vivant tend vers une dynamogénie de plus en plus grande, il y aura aussi incapacité de plus en plus grande de réaliser des rythmes simples et par conséquent de fixer des fractions considérables de l'énergie interne. La somme d'énergie interne tendra vers un minimum; et en conséquence cette continuité de tous les centres d'un organisme vivant qui les subordonne à un seul centre : ce sera la vieillesse. " Non seulement, dit M. Charcot [1], il existe pour le vieillard des immunités spéciales et des prédispositions spéciales inconnues à l'adulte; mais encore nous voyons chez lui cette réaction générale, que nous sommes habitués à rencontrer en présence de la maladie, subir une transformation complète. A cette époque les organes semblent rester en quelque sorte indépendants les uns des autres : ils souffrent isolément, et les diverses lésions dont ils peuvent devenir le siège, ne retentissent guère sur l'ensemble de l'économie. Aussi les désordres les plus graves se traduisent-ils par des symptômes peu accentués ; ils peuvent même passer inaperçus, et c'est dans l'âge sénile qu'on observe le plus grand nombre de maladies latentes. „ Ce diagnostic est généralisable : l'arrêt se substitue à la continuité dans les divers réseaux de ramifications virtuelles : il peut se substituer pour un temps plus ou moins long et plus ou moins absolument ; alors il y a *vie latente ;* il y a *mort*, quand l'arrêt s'est substitué pour toujours par la décomposition des systèmes d'ordre inférieur.

Par les mêmes raisonnements, on démontrerait que cette mort individuelle atteindra l'espèce. L'espèce tend vers la dynamogénie, c'est-à-dire vers une continuité et une unité d'action qui ne peuvent évidemment se réaliser que par une continuité supérieure avec les forces de la Nature : ce qui suppose entre les procédés d'action de l'une et les modes de représentation de l'autre une identité fondamentale. La concordance consciente d'un mode d'action extérieure et d'un mode de représentation constitue la vérité, et le développement du pouvoir corrélatif que nous donne la science n'est qu'une manifestation concrète de cette harmonie.

De ces trois faits : 1° tendance de l'espèce à transformer le mode d'action discontinu en mode d'action continu, tendance qui ne peut se réaliser que par l'unité d'action; 2° tendance individuelle vers la dynamogénie ; 3° représentation pour l'individu, dans ses fonctions cycliques virtuelles, d'une infinité de changements de direction qui, non rythmiques pour sa mécanique unicentrale, ne sont réalisables actuellement que par une coordination intelligente de centres, il résulte cette conséquence importante que l'individualité tend à être collective et que la collectivité tend à être individuelle. La réalisation de cette double fin serait l'ère d'une harmonie absolue ; mais la complexité du rythme entraine pour l'espèce les mêmes conséquences que pour l'individu.

Charles Fourier avait senti plusieurs aspects du problème ; mais l'état de la science au commencement de ce siècle ne lui permettait pas de le poser exactement, et son imagination oubliait la nécessité préalable d'une évolution physiologique vers le normal, évolution qui sera la conséquence d'un art industriel, d'une hygiène supérieure de l'esprit et de l'introduction d'un moteur aussi parfait que possible dans des industries que l'esthétique devra rendre attrayantes.

57. Corrélation d'un dégagement d'électricité avec la dynamogénie et d'un dégagement de chaleur avec l'inhibition. — Les fonctions psychiques sont des mouvements virtuels : il n'y a donc pas lieu de rechercher leurs équivalents mécaniques qui n'existent pas. D'autre part, s'il n'y a dans le jeu des actions vitales, comme l'ont posé Claude Bernard, M. Berthelot et plusieurs savants, que des forces physiques à considérer, nous ignorons les variations indéniables qu'introduisent dans le mode d'action de ces forces la vie et l'organisation. Pour résoudre ce problème, nous devons préciser d'abord les relations des forces physiques avec les modes de réaction de l'être vivant. Nous avons fixé les caractères généraux de l'action des forces physiques sur l'être vivant et nous connaissons les variations du mode d'orientation normal de l'être vivant par rapport aux divers excitants : si cette orientation est identique à celle de telle force physique dans les mêmes conditions, nous en conclurons que cette force physique et le mode de réaction élémentaire de l'être vivant sont identiques. Ce sera une généralisation du procédé employé chaque jour dans les sciences de la nature.

Nous savons que, l'aimant étant un dynamogène et un dynamophore énergique, les répartitions de l'intensité magnétique sur le globe doivent être prises en considération. Or, par de nombreuses observations et à l'aide de la théorie du potentiel [2], on démontre qu'il y a sur la surface de la terre trois points, où l'intensité magnétique i est maximum : deux dans l'hémisphère boréal, — l'un au sud de la baie d'Hudson, à 54°,32′ de latitude boréale, 261°,27′ longitude orientale de Greenwich, l'autre, sur les côtes de la Sibérie, à 71°,20 de latitude boréale, 119°,57′ de longitude orientale, avec des valeurs de i = 0,61614 C. G. S. i' = 0,59113, C. G. S. — ; un, dans l'hémisphère austral qui diffère peu du pôle magnétique sud (70°,9′ de latitude australe, 160°,26′ de longitude orientale) avec une valeur de i = 0,78982 C. G. S. Le minimum est moins bas dans l'hémisphère boréal que dans l'hémisphère austral; i = 0,28281 C. G. S. près de Sainte-Hélène par 18°,9′ de latitude australe et 350°,12′ de longitude orientale ; i = 0,32481 C. G. S. par 5°,7′ de latitude boréale et par 178°28 de longitude orientale, entre la Nouvelle-Guinée et les îles de la Sonde.

Pour la simplicité du raisonnement, reprenons l'ancienne conception des deux pôles magnétiques nord et sud ; puisque l'être vivant tend d'abord vers le maximum de dynamogénie, considérons-le dans l'hémisphère boréal, où il y a le maximum de potentiel : puis cet être vivant dirigera son pôle supérieur au nord, afin qu'il y ait repos par l'accord entre la réalisation virtuelle de la situation de l'excitant et le sens normal de sa force, la direction de bas en haut. Il aura le plan antérieur libre, puisque la direction du plan postérieur vers le plan antérieur est dynamogène, autrement, il y aurait désaccord entre la réalisation virtuelle de la continuité et la direction dynamogène du plan postérieur vers le plan antérieur (§ 2, page 6) : le plan postérieur subira donc les arrêts de la surface terrestre ; en conséquence la gauche sera à l'est, la droite à l'ouest. Mais la terre, pour un être vivant dans l'hémisphère boréal, tourne de droite à gauche : ce sera donc la gauche qui sera d'abord excitée par la lumière et dynamogéniée en conséquence (§ 55), puis ce sera le plan antérieur, lequel sera

1. *Leçons sur les maladies des vieillards*, pages 15-16.

2. Je rappellerai, pour l'intelligence de ce paragraphe, qu'on peut définir le potentiel en un point comme le travail que produirait une masse égale à l'unité, en s'éloignant de ce point jusqu'à l'infini ou jusqu'à un autre point de potentiel nul. On emploie les notations suivantes : Soient x, y, z les coordonnées de ce point soumis à l'action d'une force dont les projections sur les axes sont X, Y, Z, fonctions de x, y, z ; s'il existe une fonction $V(x, y, z)$ telle que $X = \frac{\delta V}{\delta x}$, $Y = \frac{\delta V}{\delta y}$, $Z = \frac{\delta V}{\delta z}$ et qu'en conséquence $Xdx + Ydy + Zdz = dV$, cette fonction V est appelée *potentiel*. L'énergie d'un poids élevé à une certaine hauteur est potentielle ; pendant la chute, cette énergie est dynamique ; on démontre qu'à chaque instant la somme de ces deux formes d'énergie est constante.

également dynamogénié. Si cette dynamogénie entraîne l'inhibition, il se produit un désaccord entre la direction dynamogène du plan postérieur vers le plan antérieur et la nature de l'excitant : l'être vivant sera géotropique ; la situation de la source de fatigue sera ainsi conforme à la direction du plan antérieur vers le plan postérieur : la gauche continuera à être dynamogéniée par l'action de la lumière ; finalement elle sera plus forte que la droite : l'être vivant sera *gaucher*.

Si cette dynamogénie du plan antérieur n'entraîne pas la fatigue, l'être vivant sera héliotropique : il opposera dès le début son plan antérieur à la lumière ; sa gauche sera ainsi moins dynamogéniée que la droite : il sera *droitier*. En résumé, la gaucherie et la droiterie sont liées à des différences initiales de force disponible du plan antérieur.

On voit que les fonctions de l'héliotropisme et du géotropisme, considérées depuis longtemps dans la plante, sont générales pour la vie. Je montrerai ultérieurement que c'est dans ces fonctions qu'il faut chercher l'origine de la sexualité, déduction que viennent remarquablement confirmer des observations récentes.

Mais laissons cet important sujet, et considérons maintenant les sens de rotation d'un équipage mobile traversé par un courant horizontal : si le centre B (fig. 34), c'est-à-dire si le lieu d'observation est situé dans l'hémisphère boréal, la rotation se fait dans le sens des flèches au nord de EO ; si le centre A, c'est-à-dire si le lieu d'observation est situé dans l'hémisphère austral, la rotation se fait dans le sens des flèches au sud de EO.

On fait généralement observer, avec Ampère, que tout se passe comme s'il y avait dans l'équateur magnétique un courant qui va de E en O, c'est-à-dire de l'est à l'ouest. Or l'être vivant orientera ses mouvements dans le même sens que le courant oriente le fil métallique en présence du courant terrestre : en effet la perception de la direction de ce dernier courant n'est pas autre chose que la réalisation virtuelle de cette direction par les hémicycles supérieurs qui, marquant la dynamogénie, sont réalisés d'abord et déterminent le sens des réactions, comme il a été plusieurs fois observé.

(Fig. 34)

On connait les expériences de M. Marey, d'après lesquelles la vitesse de propagation de l'onde négative dans le muscle (autant qu'on peut parler pour l'électricité de vitesse de propagation) est la même que celle de la propagation de l'onde musculaire ; les expériences de M. d'Arsonval sur la corrélation de la négativité de la levure de bière avec sa vitalité, sur la production des courants dits *oscillation négative* suivant les déformations du protoplasma (1).

Il y a entre les manifestations électriques et les actions continues de l'être vivant une identité qu'il est facile de préciser.

Il y a toujours chez l'être vivant un côté actuellement plus fort, l'autre étant potentiellement plus fort.

Dans le schème d'orientation de nos mouvements (fig. 4), la gauche supérieure doit, pour s'orienter dans notre représentation, se diriger d'abord de bas en haut, puis de haut en bas, donc exécuter un mouvement alternatif : il en est de même de la droite inférieure, tandis que la droite supérieure et la gauche inférieure ne sont astreintes à exécuter que des mouvements dans un sens.

Les actions de l'être vivant sont toujours réductibles à des cycles décrits soit de gauche à droite en haut, soit de droite à gauche. La translation d'une action de droite est équivalente à la translation d'une action de gauche en sens contraire.

La représentation objective de nos actions continues est, pour le droitier, de gauche à droite en haut (fig. 5) : la représentation subjective de nos actions continues est, pour le droitier, de droite à gauche en haut (fig. 6).

Il y a deux électricités : l'une, dite positive, est toujours, pour une même charge, à un potentiel plus élevé que l'électricité négative *(Wachter)*.

Si l'on agit sur le verre avec de la peau de chat dans un sens et dans l'autre, on obtient de l'électricité positive : si l'on agit dans un sens déterminé, on a de l'électricité négative *(Hagenbach)*. Si un sujet placé sur un tabouret de verre isolant frappe un autre sujet placé également sur un tabouret de verre isolant, le sujet qui frappe et agit nécessairement dans un sens et dans l'autre s'électrise positivement : le sujet frappé s'électrise négativement.

Si l'on charge d'électricité positive un disque tournant, l'aiguille aimantée est déviée comme elle le serait par un courant dirigé dans le sens de la rotation, en sens contraire si le disque est chargé d'électricité négative *(Rowland)*.

Dans le circuit extérieur de la pile l'on convient de considérer le courant comme allant du pôle positif au pôle négatif ; dans le circuit intérieur, comme allant du pôle négatif au pôle positif : c'est le sens des potentiels décroissants.

L'électricité positive correspond aux actions virtuelles potentielles (la gauche chez le droitier, la droite chez le gaucher), l'électricité négative aux actions virtuelles actuelles (la droite chez le droitier, la gauche chez le gaucher). Cette vérité, dont plusieurs auteurs, notamment Reichenbach, ont eu l'intuition plus ou moins vague, promet, avec la théorie générale de la dynamogénie et de l'inhibition, d'importantes applications au traitement des névroses (2).

Dans l'arrêt des actions vitales, il n'y aura nécessairement qu'un dégagement de chaleur qui, suivant la loi de Joule, est égale au produit de la résistance par le carré de l'intensité du courant. On connaît les expériences classiques de Claude Bernard et de M. Brown-Séquard qui constatent l'élévation de la température d'une partie à la suite de la section du grand sympathique par la dilatation paralytique des vaisseaux. Réciproquement, si l'on électrise le bout périphérique du nerf que l'on vient de couper, la température baisse dans la partie échauffée pendant toute la durée de l'électrisation.

Or le schème d'orientation des mouvements simultanés des deux côtés (fig. 4) nous offre la représentation rigoureuse du produit de la résistance par le carré de l'intensité du courant : en effet, le carré de l'intensité du courant (je reviendrai sur l'*intensité*) n'est (§ 5) que la réaction en haut de B vers A, continuée en bas de A vers B, et la représentation de la résistance peut toujours être identifiée avec celle de l'arrêt en B. La chaleur correspond donc aux réactions discontinues de l'être vivant. Mais nous mesurons la quantité de chaleur par une quantité appelée *température*, de même que nous mesurons la discontinuité de la réaction par la continuité de l'arrêt. La température correspond donc à un arrêt dans notre représentation.

En résumé, on est conduit à identifier un dégagement d'électricité et le mode d'action continu, un dégagement de chaleur et le mode d'action discontinu élémentaire de l'être vivant : ce que les expériences précitées ne permettaient de faire, car on ignore toujours dans un phénomène de physique biologique la part des réactions chimiques.

1. *Comptes rendus de la Société de Biologie*, 13 juin et 4 juillet 1885. Il serait particulièrement intéressant de mesurer les courants en fonction de déformations précisées aussi exactement que possible.

2. Ces pages étaient écrites et même composées, lorsque j'eus connaissance d'une intéressante brochure intitulée : *Les courants de la polarité dans l'aimant et dans le corps humain* par le docteur Chazarain et Ch. Dècle, Paris 1887, dans laquelle les auteurs cherchent à donner une démonstration clinique de ce point de vue et précisent en outre le caractère négatif du côté interne des membres, le caractère positif du côté externe : caractères qui se déduisent facilement de cette remarque qu'une direction extérieure ou centrifuge est nécessairement suivie, comme dynamogène, d'une direction centripète ou inhibitoire, tandis qu'une direction intérieure ou centripète, étant inhibitoire, n'est pas nécessairement suivie d'une direction dynamogène : la représentation des côtés externes est donc, comme celle de la gauche supérieure, liée à un mouvement alternatif, c'est-à-dire aux conditions expérimentales de production de l'électricité positive ; la représentation des côtés internes est, comme celle de la droite supérieure, liée à un mouvement d'un sens déterminé, c'est-à-dire aux conditions expérimentales de production de l'électricité négative.

58. Mesures électriques absolues et thermiques déduites des fonctions subjectives. — Pour donner un exemple d'application de ces fonctions subjectives de dynamogénie et d'inhibition, je vais en déduire quelques expressions de mesures électriques et thermiques, en particulier les relations réciproques auxquelles doivent être soumises les unités électriques pour être homogènes, relations qui se déduisent des lois fondamentales fondées sur l'expérience.

On a vu que le contraste impose aux représentations d'espace, de temps et d'action élémentaire, des formes qui marquent le degré de continuité des représentations et sont par conséquent les exposants (§ 5).

Pour l'espace, cette forme est $\frac{3}{2}$; pour l'action élémentaire ou d'un côté, $\frac{1}{2}$; pour le temps, la détermination finale de l'unité ne pouvant coïncider avec sa détermination initiale et toute représentation devant revenir à son point de départ, il y a réalisation du cycle en sens contraire, c'est-à-dire que la forme de représentation est -1. On a donc pour les unités d'espace E, d'action A, et de temps T, une expression symbolique de la forme $E^{\frac{3}{2}} A^{\frac{1}{2}} T^{-1}$.

Or, c'est précisément la relation qui détermine les dimensions de l'unité d'électricité statique définie par la loi de Coulomb. Si l'on considère deux masses électriques égales à q et placées à une distance L, elles exercent une force répulsive

$$(1) \quad f = \frac{q^2}{L^2},$$

si l'on prend pour unité d'électricité une quantité telle que $f = 1$ pour $L = 1$; l'électrisation de chacune des masses est proportionnelle au carré de la force électromotrice et la répulsion varie en raison directe du carré de la distance.

L'équation peut s'écrire

$$(2) \quad q = L f^{\frac{1}{2}}.$$

Mais la force est liée à l'accélération γ et à la vitesse $V = \frac{L}{T}$ par les relations

$$f = M\gamma, \quad \gamma = \frac{V}{T} ;$$

on a donc :

$$(3) \quad f = LMT^{-2} ;$$

en substituant dans (2), on a :

$$q = L^{\frac{3}{2}} M^{\frac{1}{2}} T^{-1}.$$

Les concepts de masse et d'action élémentaire d'un côté sont donc équivalents, puisqu'ils sont liés aux autres unités par une relation identique. En général, sur le cycle de représentation la continuité réciproque et simultanée d'un arrêt de chaque côté (masse) ne peut se représenter, puisqu'il s'agit de continuité *réciproque* et *simultanée*, que sous la forme de l'inverse du *carré* de la distance (§ 5).

On a vu (§ 17) que l'arrêt ou le mode d'action absolument discontinu se représente par le nombre e ; la relation qui lie deux modes d'action de ce genre est une continuité d'ordre supérieur : ce ne peut être qu'une continuité ; autrement ni l'un ni l'autre ne serait individuellement continu. Cette continuité s'exprimera donc par un exposant qui comprendra *simultanément* le degré de continuité et le rayon de l'opération : il est évident en effet que ce degré de continuité dépend à la fois de la continuité de $\left(1 + \frac{1}{\infty}\right)$ et de l'unité adoptée. Il en résulte, pour la fonction d'un mode d'action absolument discontinu, en désignant par d la discontinuité et par a le rayon de l'opération, une expression de la forme

$$\varphi(d) = e^{da}.$$

Or, si l'on considère une température quelconque à un thermomètre à air, on a, pour la température vraie t, β désignant le coefficient de dilatation élémentaire du corps, une expression de la forme

$$\varphi(t) = e^{t\beta}.$$

Cette formule importante, donnée par Wronski [1], se démontre facilement maintenant en thermodynamique [2].

Il ressort immédiatement de ce point de vue de la corrélation des réactions continues de l'être vivant avec l'électricité, que c'est un non-sens de mesurer l'intensité d'un courant par la quantité d'électricité qui traverse une section dans l'unité de temps. L'électricité statique correspond à des ensembles d'opérations que l'on peut considérer comme *virtuelles*, tandis qu'un courant correspond à une action *réelle* de la droite ou de la gauche : il faut donc rattacher les unités d'intensité aux actions réciproques des courants.

C'est la conclusion d'une remarque de M. Joseph Bertrand [3] : « En nommant e une quantité d'électricité statique, *on veut* que la force de répulsion de deux masses égales à e, à la distance γ, soit représentée par $\frac{e^2}{\gamma^2}$ sans coefficient.

Cela est parfaitement légitime : on en conclut que e est de la forme

$$e = \frac{L^{\frac{3}{2}} M^{\frac{1}{2}}}{T} ;$$

mais on ajoute : l'intensité d'un courant est mesurée par la quantité d'électricité qui traverse une section dans l'unité de temps, l'intensité J est donc de la forme $\frac{e}{T}$ et l'on écrit :

$$J = \frac{L^{\frac{3}{2}} M^{\frac{1}{2}}}{T^2}.$$

Il y a là une hypothèse contestable sur l'assimilation d'un courant à un flux d'électricité et une convention sur l'unité de courant. La convention assigne pour dimensions de J :

$$J = \frac{L^{\frac{3}{2}} M^{\frac{1}{2}}}{T^2} ;$$

mais la formule d'Ampère donne pour actions de deux éléments de courant :

$$F = \frac{K i i' \, ds \, ds'}{\gamma^2} \left(\cos \varepsilon - \frac{3}{2} \cos \theta \cos \theta'\right),$$

1. *Nouveaux systèmes de machines à vapeur fondés sur la découverte des vraies lois des forces mécaniques*, Paris, 1834-1835, page 9. — Cf. à la Bibliothèque du Conservatoire des arts et métiers le brevet sur ces machines.

2. F. Lucas, *Solution du problème des températures*, Paris, Gauthier-Villars, 1887, in-8°.

3. Bertrand, *Sur les unités électriques*. (*Acta Mathematica*, tome VIII, 1886, p. 391-392.)

K étant un nombre ; $\frac{ds\,ds'}{\gamma^2}$ est un nombre, les cosinus aussi sont des nombres; il faut donc que Kii' soit une force, et si ii', comme on l'exige, équivaut à $\frac{L^3 M}{T^4}$, ce produit ne peut représenter une force que si K est de la forme $\frac{T^2}{L^2}$ »

Je ne puis insister ici sur les applications de la théorie de la dynamogénie et de l'inhibition à la théorie de l'électricité et de la chaleur et, par cette voie, à la dynamique chimique et à la pathologie. Pour rester dans les limites du problème général de la dynamogénie, il me reste à préciser la relation de la mécanique vivante avec les autres branches de la mécanique : le théorème de Carnot-Clausius et les équations générales du mouvement, autrement dit à fonder sur nos *représentations nécessaires* de la chaleur, de la température, du mouvement et des deux matières organisée et inorganique (§ 2 et § 57 fin), la démonstration de principes généraux, dont le degré d'évidence est imparfaitement défini et dont la portée est restreinte dans une mesure inconnue par la loi générale d'évolution (§ 56).

59. Théorème de Carnot-Clausius et équation générale de la Mécanique. — On sait qu'un mode d'action continu peut *toujours* devenir discontinu ; mais la réciproque n'est pas vraie. Il faut distinguer les discontinuités d'un cycle relativement discontinu, que l'on se place au point de vue d'un seul centre ou de la coordination de plusieurs centres et les discontinuités d'un cycle absolument discontinu. Dans ce qui va suivre, je considère le rythme au point de vue le plus général comme un arrêt exprimant une condition de continuité, que la mécanique soit unicentrale ou multicentrale. Les arrêts seront, dans un cycle relativement discontinu, toujours transformables en continuités, s'ils sont rythmiques; si les rythmes sont trop complexes, les arrêts ne seront pas transformables actuellement, mais le deviendront en fonction du temps; si les arrêts ne sont pas rythmiques, les discontinuités seront absolues ou ne seront transformables que par des coordinations convenables de centres en fonction du temps qui seront pour une mécanique unicentrale une segmentation, pour une mécanique multicentrale une concentration. Mais des discontinuités d'un cycle absolument discontinu (représentation de la matière inorganique) ne seront transformables qu'à la condition d'être réparties inégalement : elles ne sont pas transformables par le rythme, le rythme impliquant la continuité relative du cycle ; il y aura alors continuité du cycle dans le sens de la moindre répartition des arrêts, continuité qui peut se représenter par un cycle descriptible indifféremment dans un sens ou dans un autre, c'est-à-dire, suivant la définition de la thermodynamique, par un cycle toujours réversible, si la relation de l'ensemble des continuités et des discontinuités (représentation de la chaleur) par rapport aux discontinuités (représentation de la température) ne change pas ; mais si de nouvelles continuités ou de nouvelles discontinuités s'ajoutent dans l'intervalle de temps, ces continuités ou ces discontinuités ne sont possibles que par la réalisation d'un cycle dont le rayon croît ou décroît subitement dans notre représentation et pour lequel il n'y aura plus réversibilité.

J'ai à peine besoin de faire observer que ces conditions de transformabilité dans le cas d'un cycle absolument discontinu ne sont autres que le théorème de Carnot-Clausius, lequel consiste à admettre comme postulat que la chaleur ne passe pas d'elle-même d'un corps froid sur un corps chaud, comme principe qu'il n'y a pas de travail sans l'emploi de deux sources à des températures différentes et, en adoptant l'expression donnée par Clausius, à démontrer pour tout cycle fermé et réversible l'équation (1) dans laquelle d Q désigne la quantité de chaleur, versée sur le corps pendant un changement infiniment petit, θ la température absolue à laquelle a lieu le changement,

$$(1)\ \int \frac{dQ}{\theta} \quad 0,$$

pour tout cycle non réversible l'équation (2), en regardant comme positive la quantité de chaleur cédée par le corps à un réservoir de chaleur

$$(2)\ \int \frac{dQ}{\theta} > 0.$$

On voit qu'il est possible de déduire le théorème de Carnot-Clausius de notre représentation de la matière inorganique et des actions relativement discontinues de la chaleur, et que, d'autre part, les conditions de transformabilité de la chaleur en travail assignées par ce théorème ne sont pas les seules: pour la mécanique vivante, la chaleur est directement transformable en travail, toutes les coordinations de centres secondaires étant possibles avec le temps pour un centre intelligent ; je veux dire qu'avec le temps, l'être vivant peut toujours construire la mécanique composée qui lui permettra de réaliser continûment la série naturelle des non-rythmes successifs, auxquels il est permis d'assimiler la suite des arrêts essentiellement inhibitoires, caractéristiques de la température [1].

Si au lieu de considérer l'inégale répartition des arrêts sur le cycle absolument discontinu, on la considère sur les rayons, si l'on appelle avec Clausius [2] *mouvements virtuels réversibles* ceux qui pourront s'exercer également dans un sens et dans le sens contraire; *mouvements virtuels non réversibles* ceux qui ne pourront s'exercer que dans un sens et non en sens contraire, on rencontre le principe des vitesses virtuelles et par là l'équation générale de la mécanique. En effet, s'il y a égalité des arrêts dans toutes les directions virtuelles, il n'y a pas de représentation de direction réelle ; s'il y a inégalité des arrêts dans une direction, il y a deux directions qui contrastent simultanément : la direction où l'inégalité se produit et celle par rapport à laquelle elle se produit ; mais, la représentation de la matière inorganique étant absolument discontinue, chacune des directions ne peut être réalisée que par notre translation virtuelle dans cette direction. Comme chacun des points d'arrêt sur la direction réelle contraste au maximum avec chacun des points de la direction virtuelle, puisque ces directions sont des rayons d'un cycle absolument discontinu, on voit facilement que le degré de contraste

1. Ce problème a vivement préoccupé dans ces derniers temps les physiciens et les physiologistes. En particulier, M. de Helmholtz, dans un de ses mémoires sur la dynamique chimique, écrit ces lignes : « Il nous faut encore une dénomination pour distinguer expressément ce que la mécanique appelle *force vive* ou *énergie actuelle* des équivalents mécaniques de la chaleur, qui en grande partie peuvent être considérés comme la force vive des molécules invisibles. Je proposerai de désigner la première partie de l'énergie comme la *force vive des mouvements coordonnés*. J'appelle mouvements coordonnés ceux dans lesquels les composantes des vitesses des masses mobiles peuvent être considérées comme des fonctions différentielles des coordonnées. Les *mouvements non coordonnés*, par contre, seraient ceux dans lesquels le déplacement de chaque particule ne présente aucune relation nécessaire avec celui des particules voisines. Nous avons des raisons de croire que les mouvements qui constituent la chaleur sont de cette dernière sorte, et en ce sens, on devrait considérer l'entropie comme la mesure de cette irrégularité. Pour nos procédés relativement grossiers, il n'y a que la partie coordonnée des mouvements qui soit transformable en d'autres formes de travail. Il ne me paraît pas encore certain que cette transformation soit également impossible à la structure plus fine des tissus vivants, question dont l'importance dans l'économie générale de la nature est évidente. » (*Journal de Physique, 2e série*, tome III, année 1884, page 408, traduction Chaperon.)

2. *De la fonction potentielle et du potentiel*, traduction F. Folie, Paris, 1870, page 107.

d'une des directions par rapport à l'autre est exprimé par le cosinus de l'angle des deux directions. Donc s'il y a mouvement, il y aura dans notre représentation réalisation simultanée de la direction virtuelle, de la direction réelle et du changement de la seconde par rapport à la première, estimé suivant les lois du contraste dans le cas des représentations absolument discontinues. C'est ce qu'il est aisé de traduire en notations mathématiques. Appelons $\delta s, \delta s_1, \delta s_2, \ldots$ les chemins infiniment petits parcourus dans les directions virtuelles, $P, P_1, P_2, \ldots$ les chemins parcourus dans les directions réelles, $\varphi, \varphi_1, \varphi_2, \ldots$ les angles compris entre les directions réelles et les directions virtuelles correspondantes, les produits des cosinus de ces angles par les chemins $P, P_1, P_2, \ldots$ sont ce que l'on appelle les moments virtuels ; si les arrêts sont égaux dans toutes les directions, c'est-à-dire, s'il y a équilibre, nous avons pour les mouvements virtuels, réversibles ou non :

$$P \cos \varphi \, \delta s + P_1 \cos \varphi_1 \, \delta s_1 + P_2 \cos \varphi_2 \, \delta s_2 + \ldots = 0 ;$$

en notant qu'avec le temps (§ 56) les opérations successives ou irréversibles tendent à devenir simultanées ou réversibles, on voit que le signe = correspond aux mouvements virtuels réversibles : les signes à la fois < et = aux mouvements virtuels non réversibles. C'est le théorème qu'on énonce ainsi : *Il est nécessaire et suffisant pour l'équilibre que pour tous les systèmes possibles de moments virtuels, la somme des moments virtuels réversibles soit nulle, la somme des moments virtuels non réversibles soit nulle et négative.*

Si l'on représente par $\delta x, \delta y, \delta z$ les variations que subissent les coordonnées x, y, z du centre par suite du mouvement infiniment petit δs, et si on décompose la force P en ses trois composantes X, Y, Z dirigées suivant les axes, on a

$$P \cos \varphi \, \delta s = X \delta x + Y \delta y + Z \delta z ;$$

et, comme on a des équations analogues pour tous les autres centres, on obtient l'expression bien connue

$$\Sigma (X \delta x + Y \delta y + Z \delta z) = 0$$

qui, combinée avec le principe de d'Alembert, conduit à l'équation générale de la mécanique.

60. Conclusion. — J'ai donné tous les développements nécessaires aux éléments d'une théorie de la sensation visuelle et à l'illustration d'un cercle chromatique ; comme ces problèmes particuliers ne pouvaient être résolus sans le problème général, j'ai dû aborder le problème esthétique, que j'ai pu ramener à un problème scientifique par cette considération, déjà produite avant moi sous des formes diverses, que les fonctions psychiques sont des mouvements virtuels continus ou discontinus. J'ai étudié les conditions de continuité et de discontinuité, qui ne sont autres que les conditions de dynamogénie et d'inhibition des fonctions physiologiques, et j'ai précisé mathématiquement les formes de perception imposées par ces conditions. Le résultat essentiel est que nos représentations sont nécessairement de forme cyclique continue ou discontinue. Comme la dynamogénie n'est qu'un dégagement d'électricité et l'inhibition un dégagement de chaleur ou une élévation de température, j'ai pu préciser les liaisons intimes et évidentes dans l'être vivant : de phénomènes psychiques comme le plaisir et la douleur ; mécaniques, comme la continuité ou l'arrêt ; physiques, comme l'électricité et la chaleur.

De plus, ces modes d'action sont véritablement irréductibles, puisqu'ils correspondent à des modes de représentation élémentaires et irréductibles. La recherche du mécanisme des potentiels est donc un problème illusoire. Il y aura lieu aussi de préciser jusqu'à quel point les cosmogonies et en général les problèmes dits d'origine sont autre chose que des spéculations aussi illégitimes qu'injustifiables.

Les deux derniers chapitres sont des exemples de cette méthode des représentations nécessaires, qui me semble devoir être substituée aux spéculations sur la force et sur la matière, aux hypothèses inextricables d'éther et d'autres milieux subtils, aux intuitions plus ou moins faussées par la pathogénie individuelle et les milieux sociaux, qui constituent la philosophie des sciences : c'est à ces doubles réactions continues et discontinues qu'il faut rattacher tous les faits scientifiques, soit les déterminations subjectives qui constituent les mathématiques, soit les déterminations objectives qui sont l'objet des sciences de la nature. Le premier point de vue a été pressenti par H. Wronski et demande des développements importants sur la théorie générale des fonctions ; le second est celui des travaux de Maxwell, de MM. Lorenz, Guillaume Weber, Kohlrausch, qui, par des voies absolument différentes, s'accordent à montrer des courants électriques dans les ondulations lumineuses et par là réduisent à l'électricité, à la chaleur et à la gravitation universelle toutes les forces physiques. Comme les représentations de l'être vivant sont reliées maintenant à des opérations mathématiques, il est possible de fonder sur ce point de vue subjectif une méthode de transformation directe de l'expression des faits en formules quantitatives. Il est évident pour tout savant digne de ce nom, que la certitude dans les sciences peut s'obtenir seulement par un principe supérieur à l'expérience : la méthode inductive, précieux instrument de recherche dans les spécialités extrêmes, n'est un instrument de vérité qu'à la condition de céder finalement à la méthode déductive. Lorsque Wronski pensait déduire de l'absolu toutes les connaissances humaines, passées et à venir, il se trompait, car l'idée de l'absolu n'est qu'un phénomène, dont l'affirmation et la négation sont soumises aux lois de notre organisation. Sa tentative ne pouvait reposer que sur une intuition plus ou moins complète de la loi de notre organisation et ce serait dans cette loi qu'il faudrait chercher l'absolu, si une loi indéfiniment évolutive pouvait être dite absolue. Pythagore l'avait senti : mais sa grande intuition dégénéra rapidement en spéculations sans issue. Lorsque Descartes fondait sur la pensée le principe de toute certitude et rattachait la forme au nombre, lorsque Leibniz complétait l'œuvre mathématique de Descartes par une conception pratique de l'infini et s'efforçait de fonder un dynamisme vivant et ordonné, lorsque Kant montrait dans le temps et l'espace des formes de perception, ces grands penseurs se plaçaient à ce point de vue qui promet aux principes des sciences toute la certitude dont ils sont susceptibles et à la pratique de notables simplifications.

TABLE DES MATIÈRES.

§§ Pages

Avant-propos.

Introduction.

I.
Travail intérieur et directions.

II.
Le contraste.

III.
Le rythme et la mesure.

IV.
La sensation visuelle.

Les directions.

Le contraste.

Le rythme et la mesure.

V.
La sensation auditive.

Les directions.

Le contraste.

Le rythme et la mesure.

VI.
Dynamogénie et Inhibition.

Post-scriptum. — Les applications directes du schème publié ci-après sont nécessairement limitées par les multiples exigences auxquelles il s'agissait de satisfaire ; notamment le tirage à grand nombre et la nécessité d'employer exclusivement des couleurs typographiques ; mais, par les points de repère établis avec le spectre, il sera toujours possible de résoudre en toute exactitude les problèmes de compléments et d'harmonies de couleurs.

Le jaune est du jaune de chrome (chromate de plomb) ; le bleu est du bleu orient (bleu d'outremer) ; les rouges sont une laque carminée, fabriquée avec des produits de cochenille, du rouge de Turquie (produit d'éosine) et de la mine orange (oxyde de plomb) ; les verts sont du vert Schweinfurth (acéto-arseniate de cuivre), de la laque verte anglaise (mélange de jaune de chrome et de bleu de Prusse, bleu de fer au prussiate) ; le noir est le noir d'os très finement pulvérisé.

Pour concilier la franchise du ton avec la dégradation convenable, six planches au moins étaient nécessaires (rouge, orangé, jaune, vert, bleu, noir) ; chaque exemplaire du cercle provient donc de six tirages superposés. Le lecteur expert des choses typographiques et des difficultés qu'entraîne l'inégale absorption du papier mouillé pour les couleurs, comprendra les inégalités fatales d'exécution et rendra justice aux efforts de mes collaborateurs.

Les angles variables des couples de couleurs complémentaires sont indiqués au § 32 et les moyens pratiques de réaliser avec ce cercle toutes les harmonies de couleurs sont donnés au § 43.

Le présent ouvrage a été imprimé par la Société Saint-Augustin, Desclée, De Brouwer et Cie, à Bruges.

CERCLE
CHROMATIQUE
DE M. CHARLES HENRY.

ÉDITÉ PAR CHARLES VERDIN
7, Rue Linné, Paris.

GRAVÉ PAR M. RAPINE.
IMPRIMÉ PAR CH. CHARDON.

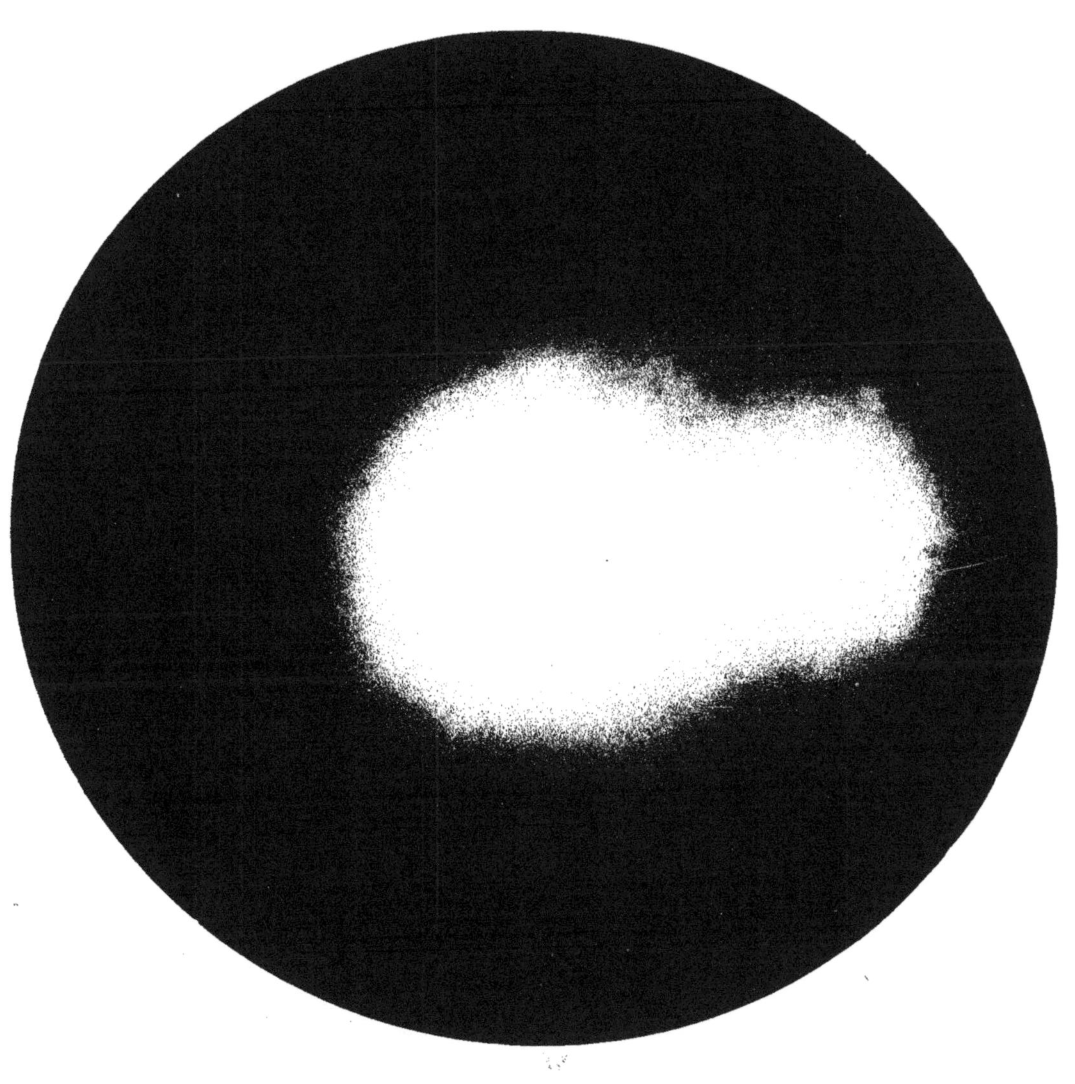

PRINCIPALES PUBLICATIONS
DE M. CHARLES HENRY.

MATHÉMATIQUES ET HISTOIRE DES MATHÉMATIQUES.

Sur l'origine de la convention dite de Descartes. *Revue archéologique*, 1878.

Sur l'origine de quelques notations mathématiques. *Revue archéologique*, 1879.

Opusculum de multiplicatione et divisione sexagesimalibus Diophanto vel Pappo attribuendum primo editum, Halis Saxoniae, H. W. Schmidt, 1879, in-8°.

Sur une valeur approchée de $\sqrt{2}$ et sur deux approximations de $\sqrt{3}$. *Bulletin des Sciences mathématiques*, 1879.

Les manuscrits de Sophie Germain et leur récent éditeur. Documents nouveaux. *Revue philosophique*, 1879.

Huygens et Roberval. Documents nouveaux. Leyde, E. J. Brill, 1879, in-4°.

Recherches sur les manuscrits de Fermat. Rome, 1879-1880, in-4°.

Sur divers points de la théorie des nombres. *Association française pour l'avancement des sciences*, 1880.

Étude sur le Taquin. *Gazette anecdotique*, 1880.

Prologus N. Ocreati in Helceph ad Adelardum Batensem magistrum suum. Fragment inédit de traduction du seul traité arabe connu sur la multiplication et la division. *Abhandlungen zur Geschichte der Mathematik*. 1880.

Généralisation d'un théorème d'arithmétique. *Nouvelles Annales de mathématiques*. 1880.

Lettre au rédacteur du Bulletin des sciences mathématiques sur quelques erreurs dans les tables de Lambert (1770) et sur un problème arithmétique. *Bulletin des Sciences mathématiques*, 1880.

Notes sur divers points d'histoire des mathématiques grecques. *Annales de la Faculté des lettres de Bordeaux*, 1880.

Galilée, Torricelli, Cavalieri, Castelli. Documents nouveaux, Rome, *Actes de l'Académie des Lincei*, 1880, in-4°.

Sur le calcul des dérangements. *Nouvelles Annales de mathématiques*, 1881.

Considérations sur quelques formules intégrales dont les valeurs peuvent être exprimées en certains cas par la quadrature du cercle. Mémoire d'Euler publié conformément à l'autographe. *Bulletin des Sciences mathématiques*, 1881.

Sur un procédé de division rapide. *Nouvelles Annales de mathématiques*, 1881.

Décomposition des nombres $f^{n} - 9g^{n}$ et du double de ces nombres en deux cubes rationnels. *Nouvelles Annales de mathématiques*, 1881.

Étude sur le triangle harmonique. Paris, Gauthier-Villars, 1881, in-8°.

Supplément à la bibliographie de Gergonne. Rome, 1882, in-4°.

Notice sur un manuscrit inédit de Mydorge. Rome-Paris, Gauthier-Villars, 1882, in-4°.

Mémoires de calcul intégral de Joachim Gomes de Souza, publiés avec additions et notices. Leipzig, 1882, in-4°.

Les deux plus anciens traités français d'Algorisme et de Géométrie, publiés pour la première fois. Rome-Paris, Gauthier-Villars, 1882, in-4°.

Sur quelques propositions inédites de Fermat. Rome, *Actes de l'Académie des Lincei*, 1882.

Les connaissances mathématiques de Jacques Casanova de Seingalt. Rome-Paris, Gauthier-Villars, 1883, in-4°.

Problèmes de géométrie pratique de Mydorge. Énoncés et solutions publiés avec commentaires orientaux de M. Léon Rodet. Rome-Paris, Gauthier-Villars, 1884, in-4°.

Les thermomètres de salon en 1628. *Revue scientifique*, 1884.

Sur les méthodes d'approximation pour les équations différentielles. Mémoire inédit de Condorcet, publié avec une notice sur ses écrits mathématiques. Rome-Paris, Gauthier-Villars, 1884, in-4°.

Pierre de Carcavy. Rome-Paris, Gauthier-Villars, 1885, in-4°.

Correspondance inédite de d'Alembert avec Cramer, Lesage, Clairaut, Turgot, Castillon, Béguelin, etc., précédée d'une notice sur ses travaux mathématiques. Rome-Paris, Gauthier-Villars, 1886, in-4°.

Introduction à la chimie. Manuscrit inédit de Denis Diderot, publié avec une notice sur les cours de Rouelle. Paris, Dentu, 1887, in-18.

Les voyages de Balthasar de Monconys et l'histoire de la science. Paris, Hermann éditeur, 1887, in-8°.

Lettres inédites de Laplace, publiées avec une première rédaction de sa Méthode pour calculer les orbites des comètes et une notice sur les manuscrits de Pingré. Rome-Paris, Gauthier-Villars, 1887, in-4°.

Lettres inédites de Lagrange. Rome-Paris, Gauthier-Villars, 1887, in-4°.

Lettres inédites d'Euler à d'Alembert. Rome-Paris, Gauthier-Villars, 1887, in-4°.

En préparation :

Œuvres de Fermat, éditées sous les auspices du Ministère de l'Instruction publique.

HISTOIRE ET HISTOIRE DE L'ART.

Sur une première rédaction du Traité de la connaissance de Dieu et de soi-même, de Bossuet. Brunswick, *Archiv für Herrig*, 1878.

Un érudit homme du monde, homme d'église, homme de cour. Lettres inédites de madame de Lafayette, de Bossuet, de Fléchier, etc., à Huet. Paris, Hachette, 1879, in-8°.

Mémoires inédits de Ch.-Nic. Cochin sur le comte de Caylus, Bouchardon, les Slodtz publiés sous les auspices de la Société de l'Histoire de l'art français. Paris, Charavay, 1880, in-8°.

Le portefeuille de M. le comte de Caylus d'après les documents inédits de la Bibliothèque de l'Université et de la Bibliothèque nationale. Paris, *Bulletin du Bibliophile*, 1880.

L'encaustique et les autres procédés de peinture chez les anciens. Paris, Librairie de l'Art, 1884, in-8° (en société avec M. Henry Cros).

Le comte de Caylus inédit. *Revue libérale*, mai-août, 1884.

Les manuscrits de Léonard de Vinci : Manuscrits A et B de l'Institut. *Revue de l'Enseignement secondaire et supérieur*, janvier 1885.

Correspondance inédite de Condorcet et de Turgot, publiée avec notices. Paris, Perrin, 1883, in-8°.

Lettres inédites de mademoiselle de Lespinasse à Condorcet, à d'Alembert, à Guibert, au Comte de Crillon, publiées avec des lettres de ses amis, des documents nouveaux et une étude. Paris, Dentu, 1887, in-8°.

Opuscules et correspondances inédites de D'Alembert. (Lettres à Catherine II, à Mademoiselle de Lespinasse et lettres inédites de Voltaire.) Paris, Perrin, 1887, in-8°.

Voltaire et le cardinal Quirini. Documents nouveaux. Paris, Dentu, 1887, in-18.

Vie d'Antoine Watteau publiée pour la première fois d'après le manuscrit autographe de M. de Caylus. Paris, Dentu, 1887, in-18.

ESTHÉTIQUE.

Introduction à une esthétique scientifique. Paris, librairie Hermann, 1885, in-8°.

Loi d'évolution de la sensation musicale. Paris, *Revue philosophique*, juillet 1886.

La théorie de Rameau sur la musique. Paris, Hermann, éditeur, 1887, in-8°.

Wronski et l'esthétique musicale. Paris, Hermann, éditeur, 1887, in-8°.

Rapporteur esthétique permettant l'analyse et la rectification esthétique de toute forme. Avec notice et tables. Paris, George Seguin, 1888.

Prochainement :

Échelles dynamométriques permettant de doser rigoureusement l'état des forces des sujets.

N. B. Pour toute question de décoration rationnelle et d'application s'adresser à l'auteur, ou à M. Charles Henry.

www.ingramcontent.com/pod-product-compliance
Ingram Content Group UK Ltd.
Pitfield, Milton Keynes, MK11 3LW, UK
UKHW031056260726
13965UKWH00006B/1428